DMM
ディジタル マルチメータ
入門講座

電気のさまざまな「量」を測定する
動作原理と実践

内窪孝太 著

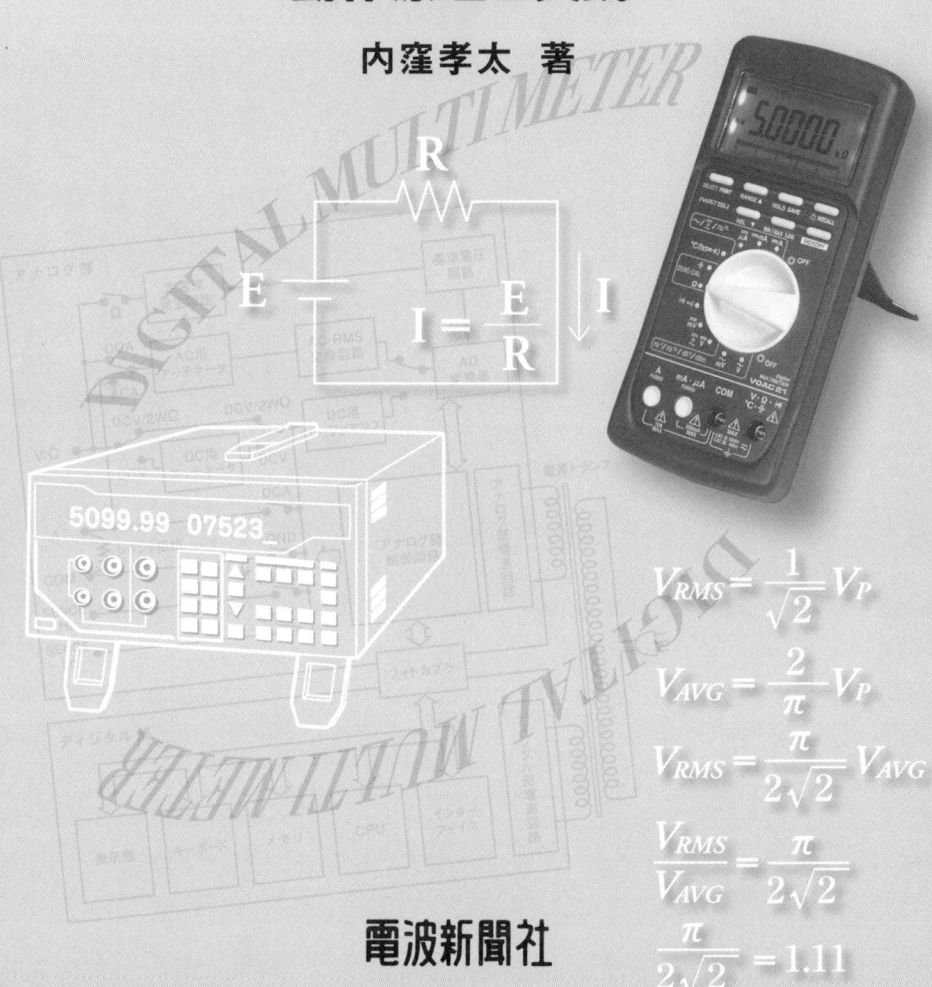

$$V_{RMS} = \frac{1}{\sqrt{2}} V_P$$

$$V_{AVG} = \frac{2}{\pi} V_P$$

$$V_{RMS} = \frac{\pi}{2\sqrt{2}} V_{AVG}$$

$$\frac{V_{RMS}}{V_{AVG}} = \frac{\pi}{2\sqrt{2}}$$

$$\frac{\pi}{2\sqrt{2}} = 1.11$$

電波新聞社

はじめに

　現代社会は、電気を抜きにしては語ることはできません。電気を使用した製品は家電製品やOA機器など我々の日常生活に密着するものから、宇宙を飛ぶロケットや人工衛星まで非常に多岐に渡ります。これらの機器は自然に発生するものではなく、電気回路、電子回路、物理など多くの理論に基づいて人が設計し製造します。

　これらの機器を開発する人は、回路が設計通りに動作しているかを確認する必要があります。正しく動作をしない場合は原因を突き止めるために回路の状態を知りたいと思うはずです。生産分野では、設計に基づいて製品が正しく作られているかを確認する必要があります。研究分野では、電気的な物理現象から理論を導き出し、また導き出した理論の検証のために多くの実験を行いデータを採取する必要があります。

　ディジタルマルチメータはこのような、開発、生産、研究などの分野で電気のさまざまな"量"を測定するのに最適なツールといえます。

　ディジタルマルチメータが1台あれば、テストリードを測定したい箇所に接続するだけで電気のさまざまな"量"を簡単な操作で測定することができます。非常に簡便なため、何も考えなくても大まかな値を測定することはできます。しかし、最近の5桁半や6桁半など高分解能なマルチメータの性能を十分に生かした測定を行うためには、マルチメータの測定原理を知り、誤差の発生要因を理解した上で、最適な測定結果を得るための測定テクニックを駆使する必要があります。

本書では、1章でマルチメータの種類、2章で測定原理を、3章でマルチメータを選ぶ上でのポイントを説明し、4章で測定テクニックを紹介します。5章ではLANを使用してリモート計測を行うためのPC用プログラムの作成方法を紹介しています。

　これから電気回路や電子回路の基礎を学び、それらの専門知識を生かした仕事を志す方の手引きになれば幸いです。

2007年3月　著　者

主に研究開発に使われるディジタルマルチメータ

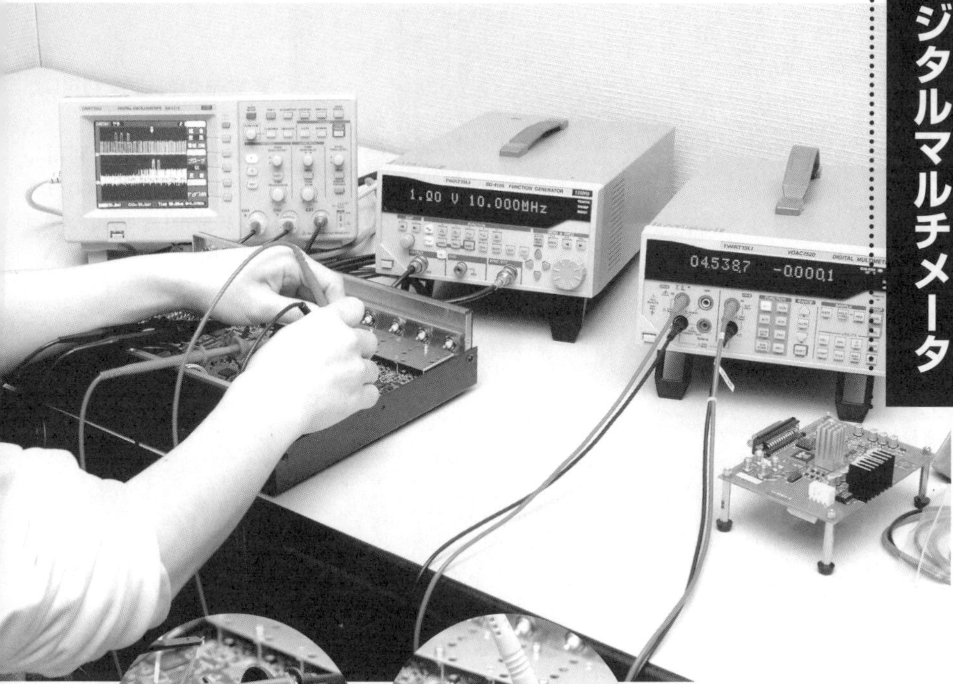

▲ オシロスコープ、信号発生器などと組み合わせて測定に使われる

▲ 細かい部分の測定用プローブ

▲ 先端を安定させるクリップスタンド

▼ 代表的なベンチトップタイプ
（岩通計測 VOAC7523）

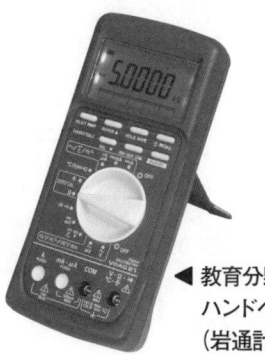

◀ 教育分野でも使われるハンドヘルドタイプ
（岩通計測 VOAC21）

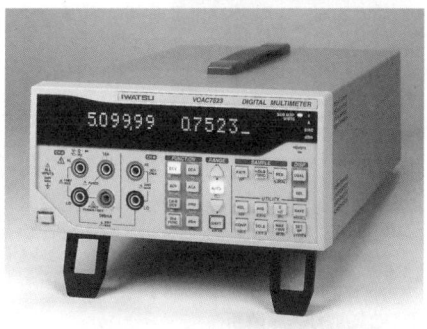

主に製造・保守現場で使われるディジタルマルチメータ

▲ 制御基盤の AC24V 電圧の測定

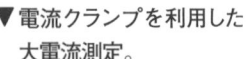

▼ 電流クランプを利用した大電流測定。電流クランプを利用し180Aの電流を1000分の1に変換し、マルチメータに表示

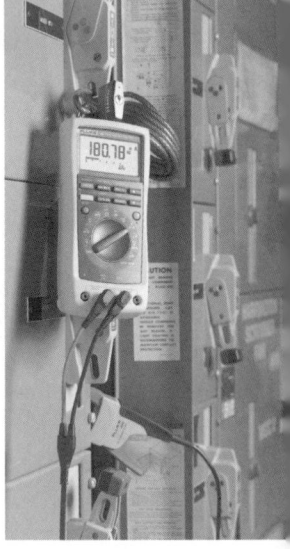

◀ マルチメータを利用して、データを長時間記録中。写真では電源ライン AC220V の値と、電源ラインに乗っている DC 電圧を同時に測定、記録中

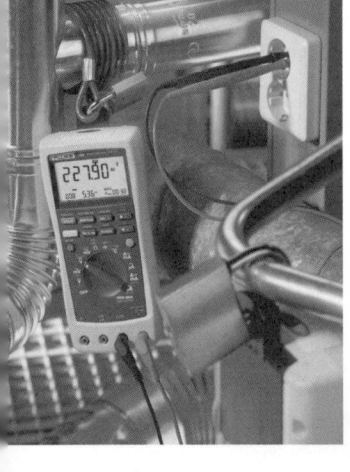

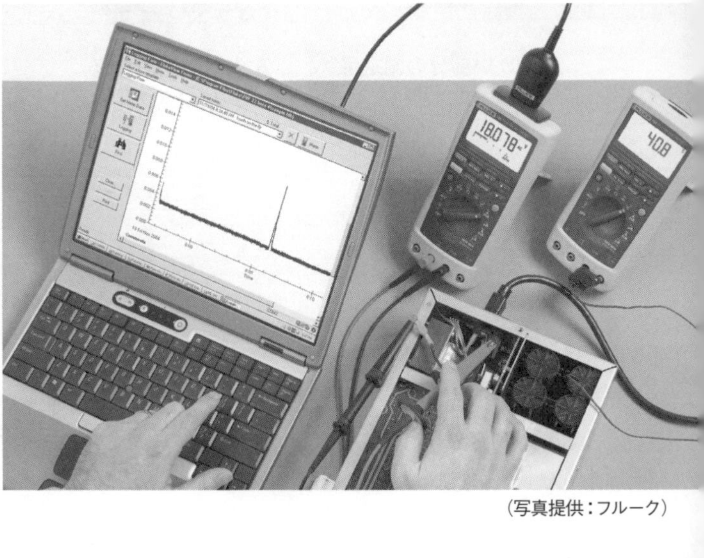

▶ マルチメータに記録させたデータを PC に取り込み解析

(写真提供：フルーク)

目次

1 マルチメータとは ... 11
1.1 アナログマルチメータ(テスター) ... 13
1.2 ディジタルマルチメータ ... 15
1.2.1 ハンディタイプ ... 16
1.2.2 ベンチトップタイプ ... 18
1.2.3 モジュールタイプ ... 19

2 ディジタルマルチメータの動作原理 ... 21
2.1 ブロック図 ... 22
2.1.1 入力部 ... 25
2.1.2 A/D変換器 ... 66
2.1.3 ディジタル部 ... 81

3 ディジタルマルチメータを選ぶポイント ... 83
3.1 測定ファンクション ... 84
3.2 測定レンジ(分解能・確度) ... 86
3.3 表示桁数 ... 88
3.4 測定確度 ... 89

3.5	交流測定	92
	3.5.1 測定方式	92
	3.5.2 クレストファクタ	93
	3.5.3 最小入力電圧	94
	3.5.4 周波数範囲	96
3.6	サンプリングレート	97
3.7	応答時間（セットリング時間）	98
3.8	データ処理機能	100
3.9	リモートインターフェイス	102
3.10	外部入出力インターフェイス	111
3.11	最大許容電圧	116
3.12	フローティング電圧	118
3.13	NMRR	120
3.14	CMRR	123
3.15	アイソレート2CH測定	128
3.16	デュアル表示・デュアル測定	130
3.17	抵抗測定の開放電圧	132
3.18	電流測定の端子間電圧降下	133
3.19	電源電圧範囲	134

4 ディジタルマルチメータを使用した測定 ……… 139

- 4.1 測定開始前の準備 …………………………………………………………… 140
- 4.2 直流電圧測定 ………………………………………………………………… 145
- 4.3 高圧電圧測定 ………………………………………………………………… 157
- 4.4 電流測定 ……………………………………………………………………… 159
- 4.5 抵抗測定 ……………………………………………………………………… 165
  - 4.5.1 低抵抗測定 …………………………………………………………… 165
  - 4.5.2 高抵抗測定 …………………………………………………………… 166
  - 4.5.3 4端子抵抗測定 ……………………………………………………… 170
- 4.6 ダイオード測定 ……………………………………………………………… 171
- 4.7 温度測定 ……………………………………………………………………… 172
  - 4.7.1 シース熱電対 ………………………………………………………… 174
  - 4.7.2 静止表面用熱電対 …………………………………………………… 175

5 リモート計測 ……… 177

- 5.1 LANを使用したリモート計測 …………………………………………… 179
- 5.2 使用するマルチメータ ……………………………………………………… 180
- 5.3 マルチメータのLANに関する設定項目 ………………………………… 181
  - 5.3.1 IPアドレス …………………………………………………………… 181
  - 5.3.2 サブネットマスク …………………………………………………… 181

5.3.3 Port番号		182
5.3.4 ゲートウェイアドレス		182

5.4 LANを利用した通信手順 ……… 182

5.5 マルチメータをLANへ接続 ……… 184

5.6 マルチメータとPCの接続確認 ……… 185

5.7 プログラミング ……… 187

5.7.1 OS		187
5.7.2 開発環境		187
5.7.3 プログラム作成手順		189
5.7.4 作成するプログラム		190
5.7.5 プロジェクトの作成		191
5.7.6 画面のデザイン		192
5.7.7 プロパティの設定		197
5.7.8 プログラムコードの記述		198
5.7.9 ビルドとデバッグ		208
5.7.10 プログラムの発行		212

練習問題 ……… 215

用語索引 ……… 235

Chapter ········· 1

第 *1* 章 マルチメータとは

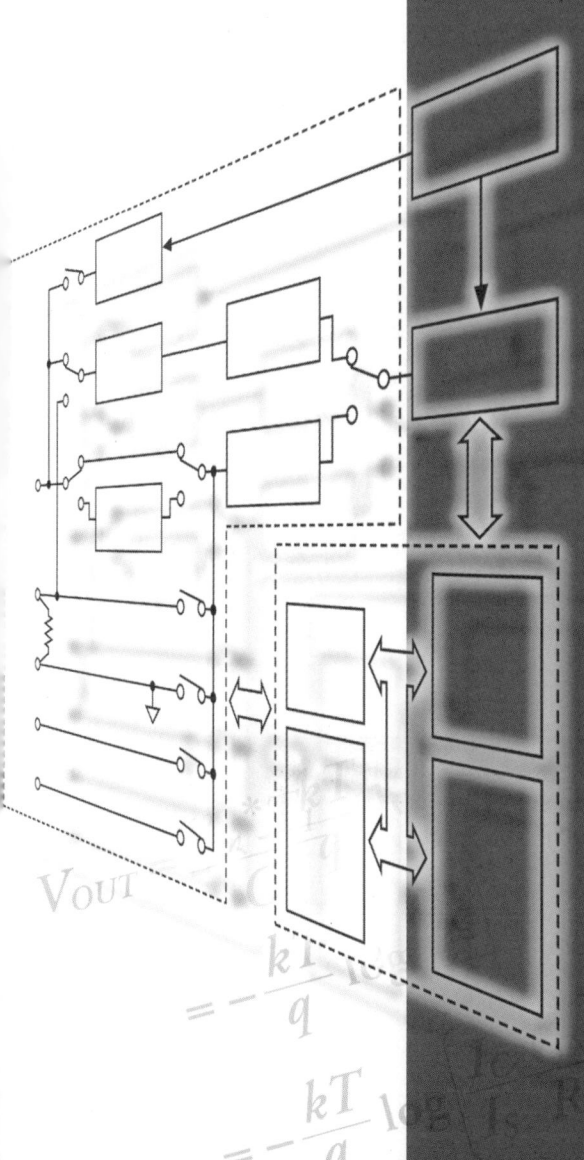

1 マルチメータとは

　マルチメータとは、直流電圧や交流電圧、直流電流、交流電流、抵抗値の基本測定を1台でできるようにした測定器です。最近では基本測定機能に加えて、周波数や温度、コンデンサの容量やダイオードの順方向電圧を測定できるものもあります。これらの基本測定は、電気回路の状態を知る上で欠かすことはできないため、研究・設計・開発・生産など幅広い現場で使用されています。

　また、電子部品の小型化や半導体の高集積化とともにマルチメータの形状も小型化が進み、卓上で使うベンチトップタイプから、ハンディータイプ、さらにポケットにはいるカード型やペン型のものまであります。

　マルチメータに対して、1つの電気の基本量のみをより高精度に測れるようにしたものがあり、専用機と呼ばれています。

　マルチメータはその測定原理や表示方式の違いにより、大きく分けてアナログ方式とディジタル方式があります。

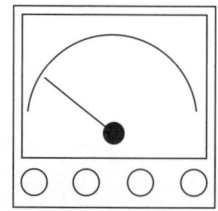 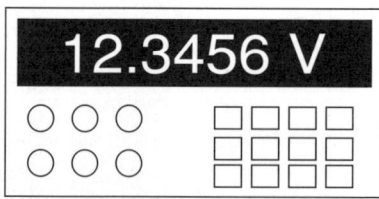

図1.1　アナログメータとディジタルメータの表示

1.1 アナログマルチメータ（テスター）

　アナログマルチメータは可動コイル式メータが主流です。可動コイル式メータは、磁界の中で電流を流すと力が生じるという、フレミングの左手の法則を応用したものです。

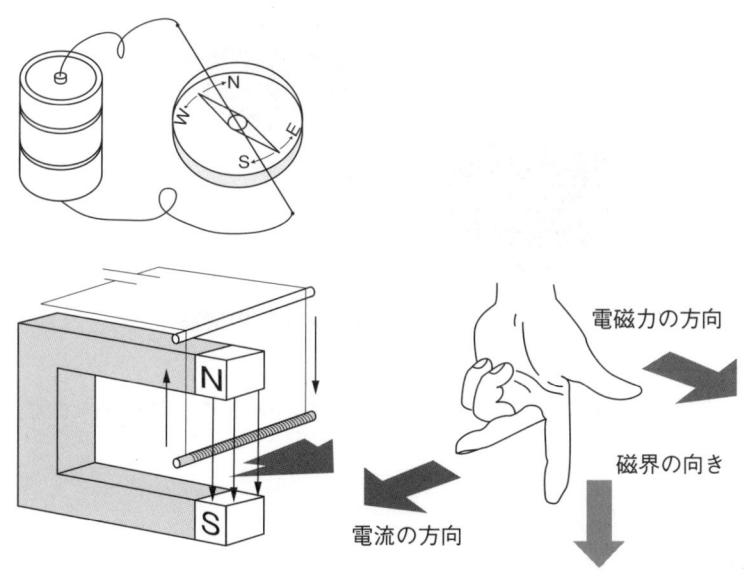

図1.2　フレミングの左手の法則

　図1.3に示すのは一般的な可動コイル式メーターの構造です。N極とS極が向かい会うように固定された磁石の間に可動コイルがおかれています。コイルは軸を中心にして回転できるようになっています。コイルの軸には指針とスプリングが取り付けられています。スプリングはコイルの回転を止める方向に働くようになっています。
　コイルに電流を流すと磁界が発生し、磁石との反発・吸引力により軸を回転させようとする力（トルク）が発生します。このトルクと、それを止めよう

するスプリングの力がつりあうところで軸の回転は止まります。

このとき、トルクとコイルに流れている電流は比例関係になります。したがって、軸の回転角を知ることによって、コイルに流れている電流の強さを知ることができるわけです。

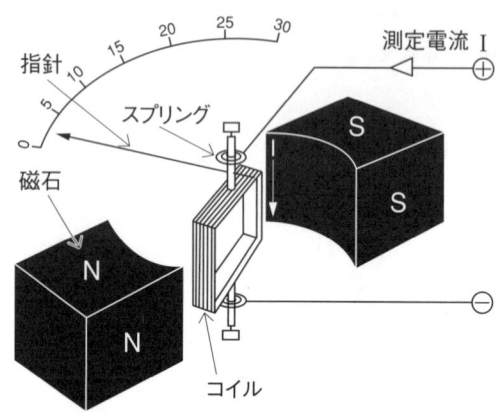

図1.3 可動コイル型電流計の構造

可動コイル式メータによるマルチメータには以下のような特徴があります。

長　所
- 構造が簡単なため安価。
- 抵抗測定以外は電源が要らない。
- 経時変化や周囲温度の影響を受けにくい。
  回路的には抵抗による分圧、分流回路とコイルだけであり、熱による特性の影響が大きい半導体を使用していないため。

短　所
- 直流しか測定できない。
  整流素子(ダイオード)を使用することで交流を測定できるようにしたものもあるが、ひずみ波形では誤差が大きくなる。またレンジにおける入力信号が小さい範囲では誤差が大きくなる。

- 読み取り間違いや、読み取り誤差が発生しやすい。指針を読むときは真上から。
- 測定確度が悪い。確度は1%～3%程度。
- 機械的衝撃に弱い。
- 設置方法に制限がある場合がある。水平、垂直など。
- 入力インピーダンスがあまり高くない。数十kΩ程度。

可動コイルを動かす電流は被測定回路からもらうため、測定回路に影響を与え、また測定誤差にもなります。そのため、最近ではアンプを内蔵することで、入力抵抗を上げたり、感度を上げているものもある。

1.2 ディジタルマルチメータ

図1.4に代表的なディジタルマルチメータを示します。ディジタルマルチメータには以下のような特徴があります。

長 所
- 入力インピーダンスが非常に大きい(10MΩ以上)。
- 高感度($0.1\mu V$)。
- 高精度(1%以下)。
- 交流電圧・電流の真の実効値測定ができる。
- GPIBやLAN、RSを使用したリモート制御ができる。
- メモリや演算によるデータ処理ができる。

短 所(アナログ方式と比較した場合)
- AC電源が必要。
- 複雑な電子回路で構成されるため高価。
- 電子部品を多用するため、確度が周囲温度の影響を受ける。
- 測定値の変化を読み取りにくい。

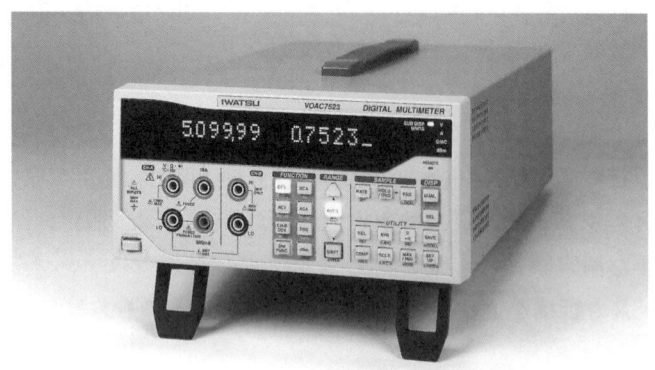

図1.4 代表的なディジタルマルチメータ（岩通計測 VOAC7523）

1.2.1 ハンディタイプ

　図1.5は代表的なハンディタイプのマルチメータです。ハンディタイプには以下のような特徴があります。

- 小型で電池駆動のため機動性がよい。配電工事などフィールドでの使用に向いている。
- 落下などの衝撃に強い構造。
- 表示部は液晶表示。暗い場所でも作業できるようにバックライトを搭載するものもある。
- 表示桁数は3桁から4桁が主流。
- 分解能は4桁半機の直流電圧測定で $1\mu V$ 程度。
- 測定確度は4桁半機の直流電圧測定で0.01%程度。
- アナログテスターのような使い方が出来るバーグラフ表示機能を持つものもある。
- サンプリングレートは、1～4回/秒程度。
- デジタル機ならではのメモリー機能や演算機能、PCとの通信機能。

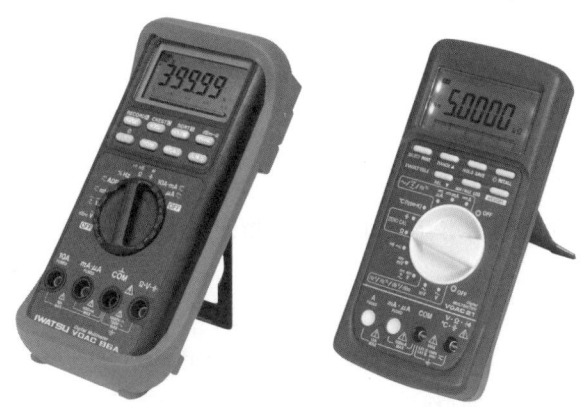

図1.5 代表的なハンディタイプのマルチメータ
(岩通計測 VOAC86A＜左＞ VOAC21＜右＞)

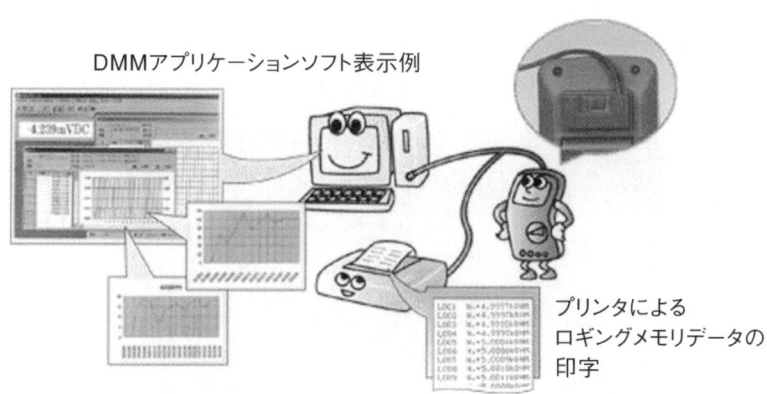

図1.6 通信イメージ

1.2.2 ベンチトップタイプ

　図1.7は代表的なベンチトップタイプのマルチメータです。ベンチトップタイプには以下のような特徴があります。

- 固定設置して使用する。
- 表示桁数は研究開発用途では5桁～6桁が主流。生産用途では4桁も使用される。
- 高確度。確度は、5桁半機の直流電圧測定で0.02%。
- 高分解能。分解能は、5桁半機の直流電圧測定で$0.1\mu\mathrm{V}$。
- 高速サンプル。100回/秒以上。
- GPIBやLANなどのインターフェイスによるリモート測定。
- 測定値をアナログ出力したりコンパレート演算結果を外部出力。
- メモリー機能や各種演算機能を使用したデータ処理。

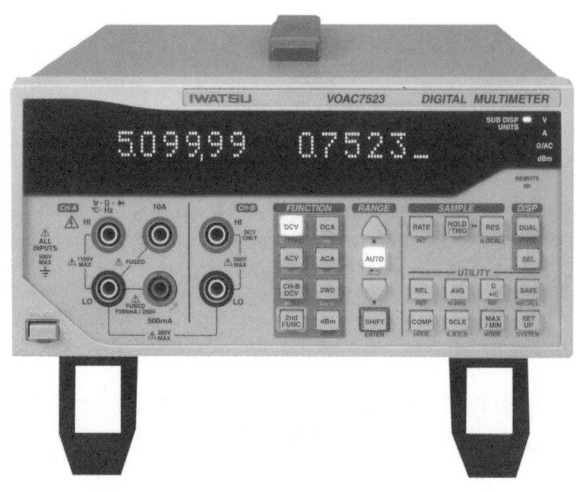

図1.7　代表的なベンチトップタイプのマルチメータ（VOAC7523）

1.2.3 モジュールタイプ

　モジュールタイプのマルチメータはPCの増設ポートや機器に組み込んで使用します。PCの増設ポートに組み込むタイプでは、測定データを直接PCに取り込むことが出来るため、高速に大量のデータをサンプルしたり、長時間のデータをPCに蓄積することが出来ます。測定機能は、基本測定機能のみの物が多いようです。

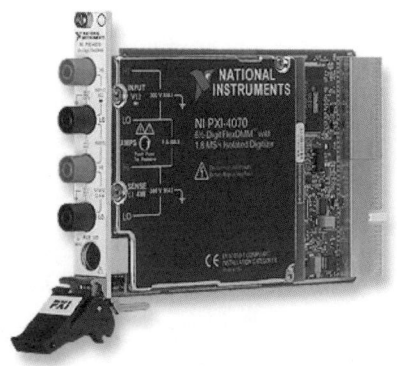

図1.8　モジュールタイプのマルチメータ（日本ナショナルインスツルメンツ）

Chapter……… 2

第2章 ディジタルマルチメータの動作原理

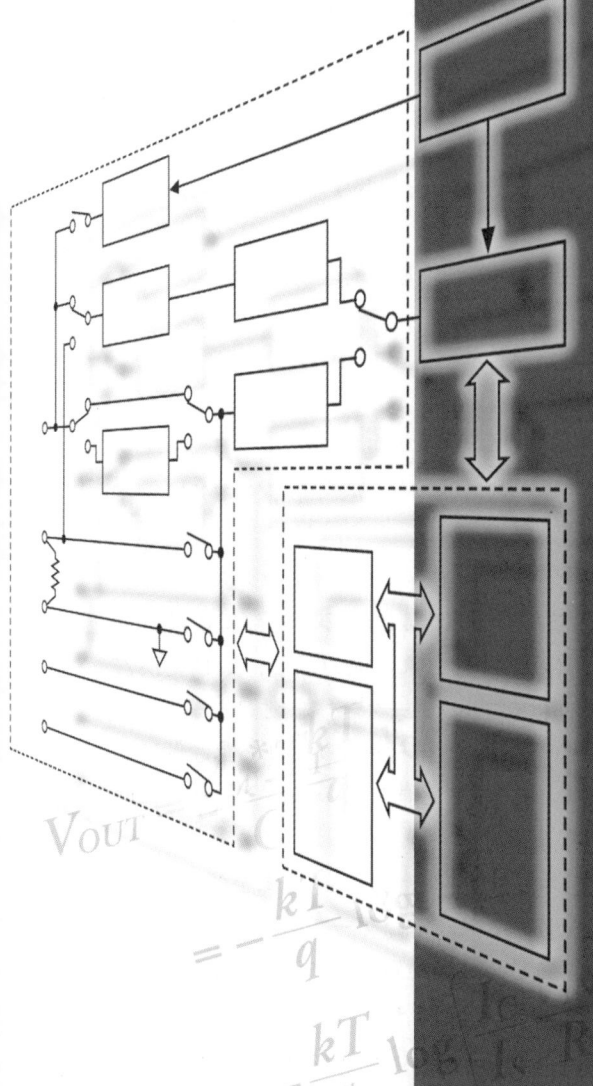

2 ディジタルマルチメータの動作原理

アナログマルチメータが被測定信号に比例した電流を測定していたのに対して、ディジタルマルチメータは被測定信号をその値に比例した直流電圧に変換して測定します。

測定対象には、直流電圧や電流、交流電圧や電流、抵抗や温度などさまざまで、これらを直流電圧に変換する仕組みは、マルチメータの動作原理そのものです。したがって、マルチメータの動作原理を理解することは、正確な測定を行う上で重要です。

本章では、マルチメータの各種変換回路の動作原理を説明します。

2.1 ブロック図

図 2.1 はベンチトップタイプのディジタルマルチメータのブロック図です。ディジタルマルチメータは大きく分けて、アナログ部とディジタル部で構成されています。アナログ部は、被測定信号が印加される入力部と、A/D 変換器から構成されています。ディジタル部は、マルチメータ全体を制御するための CPU やメモリ、測定結果を表示する表示器やユーザーの入力を受け付けるキーボードなどで構成されています。また、アナログ部、ディジタル部共に回路に電源を供給する電源回路を有します。

図 2.2 に示すように、ベンチトップタイプのマルチメータは電源を商用の AC 電源より得るため、安全のために筐体は 3 線式電源ケーブルにより接地されています。一方、アナログ部の基準電位は、接地電位より浮いた電圧（フローティング電圧）を測定するために接地されていません。

このように、ディジタル部とアナログ部は基準電位が異なるため、電源およ

び制御線を絶縁する必要があります。そのため、電源の絶縁には電源トランスが使用され、制御線の絶縁にはフォトカプラを使用して、光により絶縁を行っています。

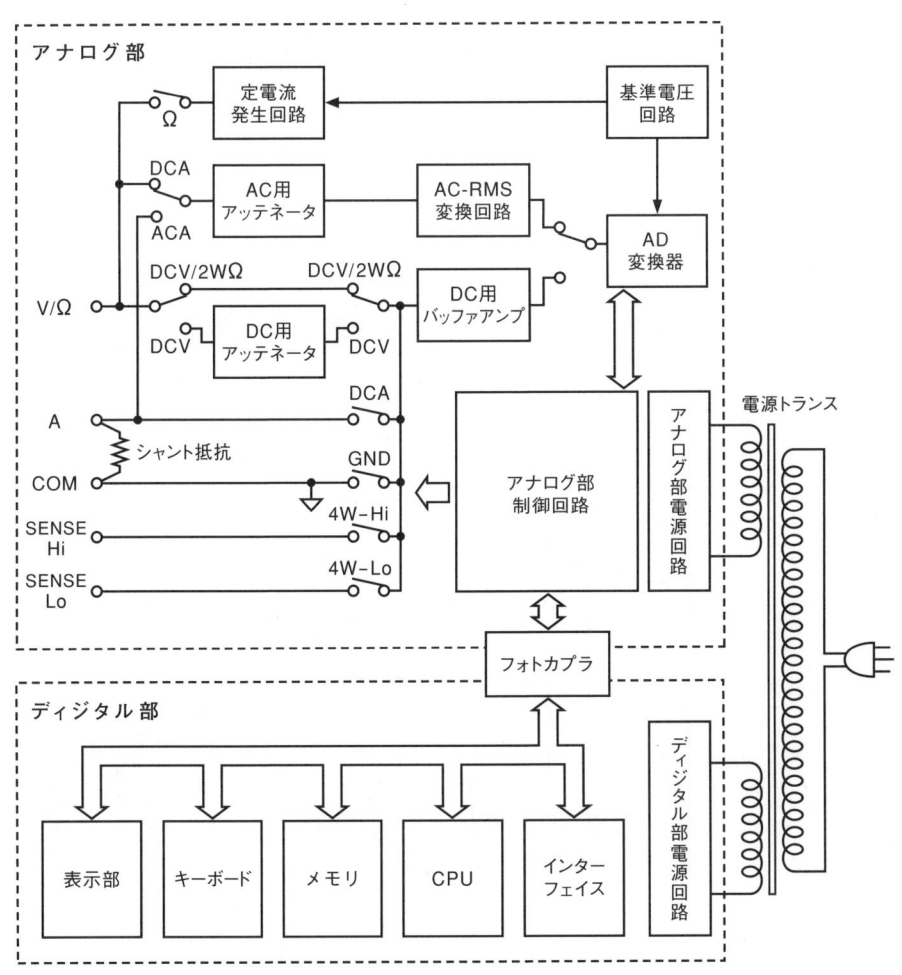

図2.1 ディジタルマルチメータのブロック図

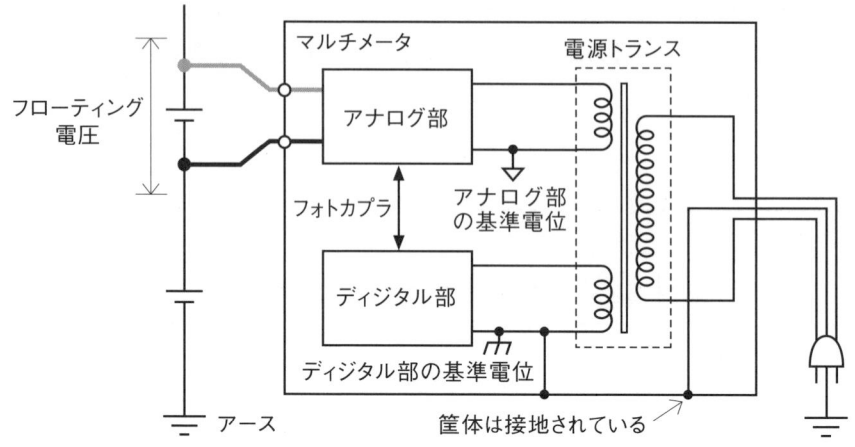

図2.2 ベンチトップタイプマルチメータの電源

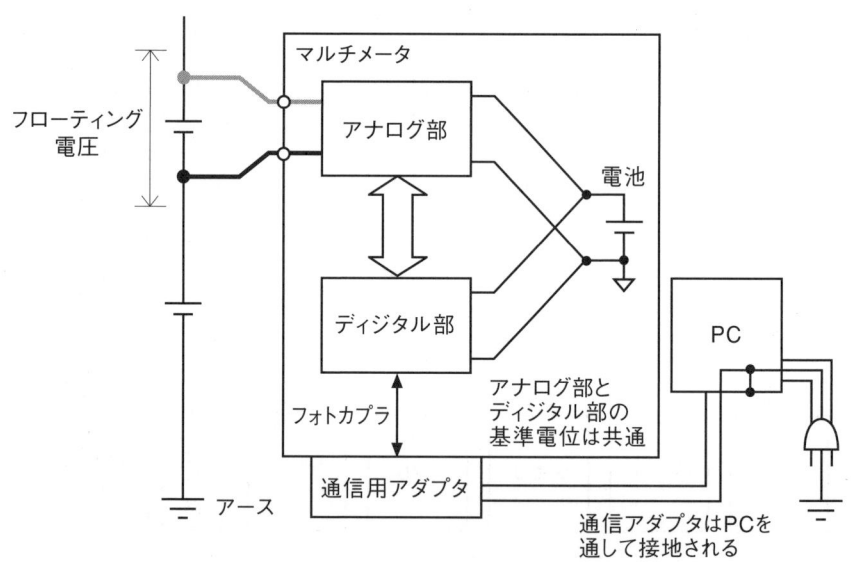

図2.3 ハンディタイプマルチメータの電源

図2.3に示すように、ハンディタイプのマルチメータは電池駆動であるため、筐体を接地する必要がありません。そのため、アナログ部とディジタル部は電気的に絶縁されていません。しかし、PCと接続することの出来る機種では、マルチメータとPCの絶縁を確保するために専用のアダプタを使用して接続するようになっています。アダプタの内部にはフォトカプラが内蔵されており、マルチメータとは光を使って通信を行うようになっています。

2.1.1 入力部

入力部は、マルチメータの正面パネルにある入力端子に印加された信号が最初に通過する部分です。入力端子に印加されるいろいろな被測定信号を、測定目的に応じた変換回路に送り、被測定信号の値に比例した直流電圧に変換して、A/D変換器に送る働きをします。また、マルチメータにはどのような入力信号が印加されるかわからないことが多いため、過大な入力信号からマルチメータ内部の回路を保護するための保護回路を有しています。

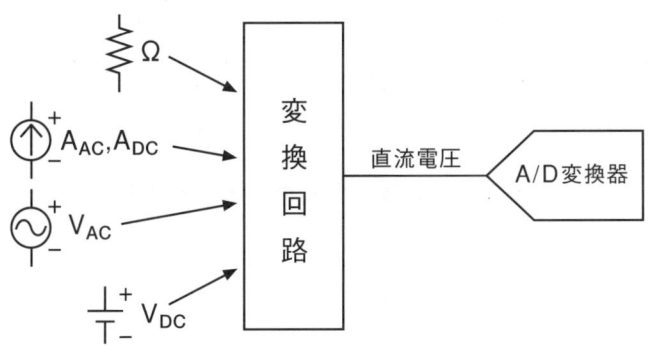

図2.4 入力部の働き

2.1.1.1 直流電圧測定用回路

ディジタルマルチメータが測定することのできる直流電圧は、±0.1μVから±1000Vと非常に広い範囲です。しかしA/D変換器に入力できる電圧は0Vから±5V程度ですので、1000Vを直接入力することはできません。また、A/D変換器の感度は5桁機では10μVなので、0.1μVを入力してもA/D変換器は信号を検出することができません（図2.5）。

そこで、被測定信号をA/D変換器の入力範囲に合うように大きくしたり、小さくしたりするための回路が必要になります。それが、直流電圧測定用回路です。

図2.6に直流電圧測定用回路のブロック図を示します。

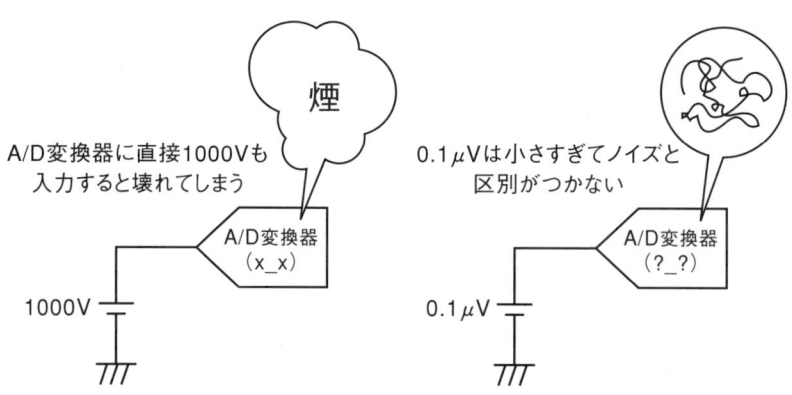

図2.5 直流電圧測定用回路がない場合

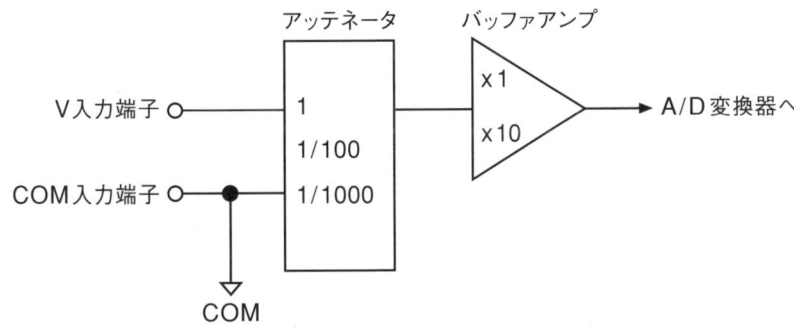

図2.6 直流電圧測定用回路のブロック図

● アッテネータ

被測定信号を小さくする回路はアッテネータと呼ばれ、図2.7に示すような高精度なネットワーク抵抗による分圧回路で構成されます。

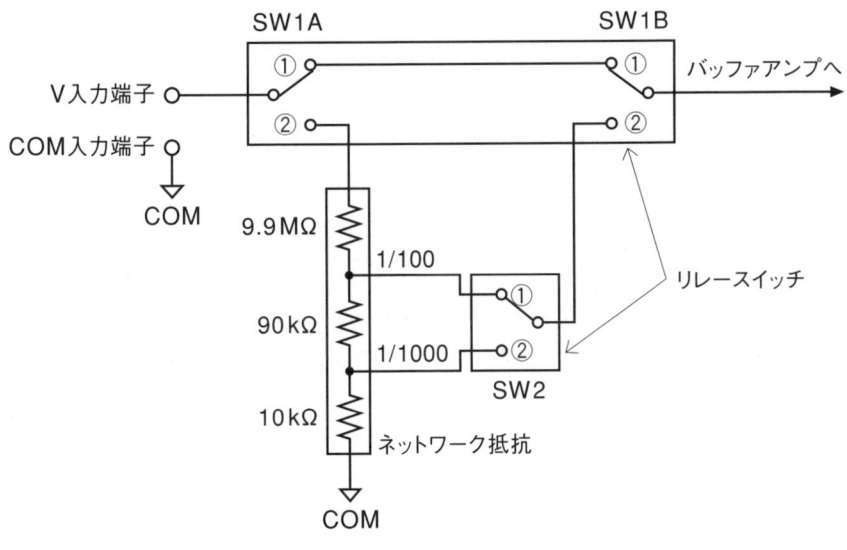

図2.7 アッテネータ

ネットワーク抵抗とは複数の抵抗値を持つ抵抗を1つのパッケージの中に構成したものです。1つのパッケージの中に作りこむことで、各抵抗間の温度のばらつきを小さくしています。また、抵抗体には温度係数の優れた金属薄膜抵抗が使用されています。こうすることで、各抵抗間の相対温度係数(TCR)を極力小さくし、周囲温度が変化しても分圧比がほとんど変化しないようになっています。

　ネットワーク抵抗内部の抵抗値は、各抵抗の接点から取り出される電圧、つまり分圧した電圧が入力電圧の1/100、1/1000になるような組み合わせになっています。

　被測定信号を小さくする必要がない場合には、SW1AおよびSW1Bを①の方に切り替えて、入力信号が直接バッファアンプへ入力されるようにします。
　被測定信号を小さくする必要がある場合には、SW1AおよびSW1Bを②の方に切り替えて、被測定信号がネットワーク抵抗の両端に加わるようにします。分圧比は、SW2で切り替えられるようになっており、①の方に切り替えると1/100が選択され、②の方に切り替えると1/1000が選択されるようになっています。

　分圧比を選択するスイッチにはリレースイッチが使用されます。リレースイッチとは、スイッチのOn/Offを電気信号により制御することができるスイッチです。図2.8にリレースイッチを示します。リレー制御回路によりコイルに通電すると鉄心が電磁石となり、鉄片が吸い寄せられ可動接点が固定接点に接触しスイッチがOnとなります。コイルへの通電をやめると復帰用バネにより接点が離れて回路はOffとなります。

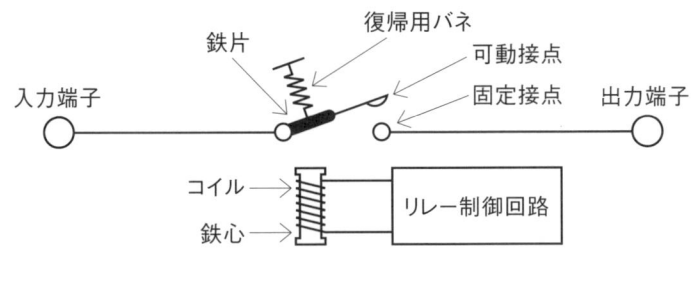

図 2.8 リレースイッチ

　リレースイッチはスイッチを ON にするためにコイルに通電し続けると、コイルがヒーターとなり鉄片や接点が熱せられます。このとき、接点には熱起電力が発生します。
　図 2.7 のリレースイッチ SW1A および SW1B の接点が ①側に接続されているとき、接点に発生する熱起電力はそのまま測定誤差となってしまいます。

　そこで、特に熱起電力に気を遣う部分にはラッチングリレーが使用されます。ラッチングリレーは、スイッチの ON 用と OFF 用に専用のコイルを設けて、スイッチを切り替えるときだけ一瞬コイルに電流を流すようにしたものです。

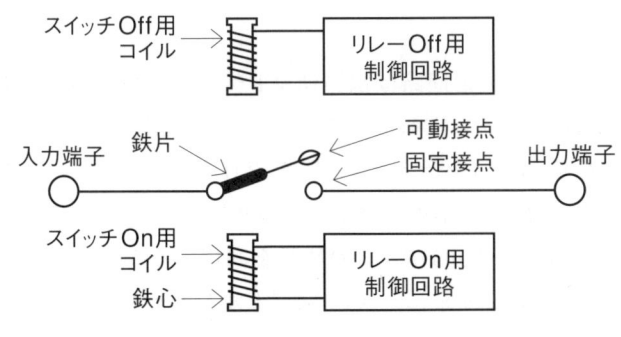

図 2.9 ラッチングリレー

• バッファアンプ

　被測定信号を大きくする回路はバッファアンプやプリアンプと呼ばれます。図2.10にバッファアンプを示します。この図では、演算増幅器を使用した非反転増幅回路になっており、倍率はSW3で1倍と10倍に切り替えられるようになっています。

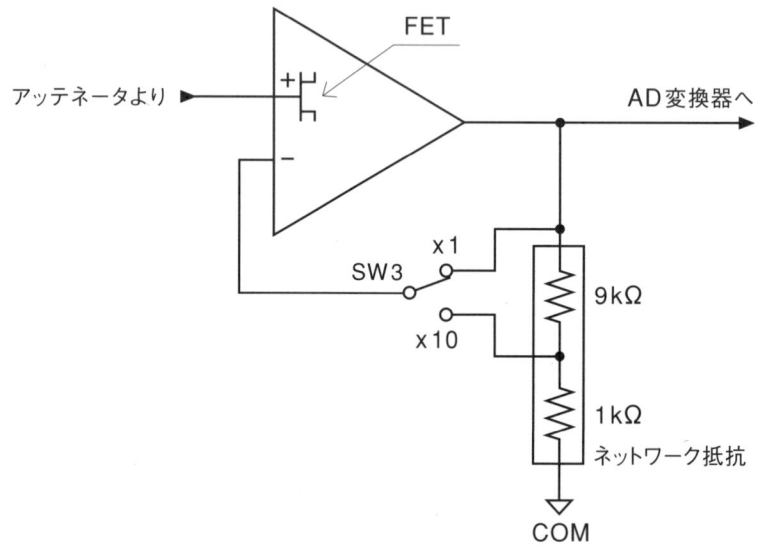

図2.10　バッファアンプ

　バッファアンプの入力回路は電界効果トランジスタ(FET)で構成されています。FETは、ドレイン(D)、ソース(S)、ゲート(G)という3つの端子を持つトランジスタで、ドレインとソースの間を流れる電流を、ゲートに加える電圧の大きさで制御することができます。このとき、ゲートにはほとんど電流が流れないという特徴があります。この特徴を利用することで、バッファアンプの入力インピーダンスを非常に大きくすることができます。

アッテネータの分圧比とアンプの倍率を組み合わせることで、広いレンジの入力を可能にしています。表2.1に分圧比と倍率の組み合わせの例を示す。

表2.1 分圧比と倍率の組み合わせ例

測定レンジ	アッテネータの分圧比	バッファアンプの倍率	直流電圧測定用回路の最大出力電圧
50mV	1	×10	0.5V
500mV	1	×10	5V
5V	1	×1	5V
50V	1/100	×10	5V
500V	1/100	×1	5V
1000V	1/1000	×1	1V

入力信号は、測定レンジに応じてアッテネータを通るか通らないかが選択されます。表2.1の例では、50mVから5Vまでのレンジはアッテネータを通らず、直接バッファアンプへ入力されます。アッテネータを通らないレンジをスルーレンジと呼ぶことがあります。50V以上のレンジはアッテネータで1/100または1/1000されてバッファアンプへ入力されます。アッテネータを通るレンジはアッテネータレンジと呼びます。

2.1.1.2 交流電圧測定用回路

交流電圧測定回路の役割は、入力端子に加えられた交流信号の実効値を、その大きさに比例した直流電圧に変換して出力することです。

図2.11に交流電圧測定用回路のブロック図を示します。

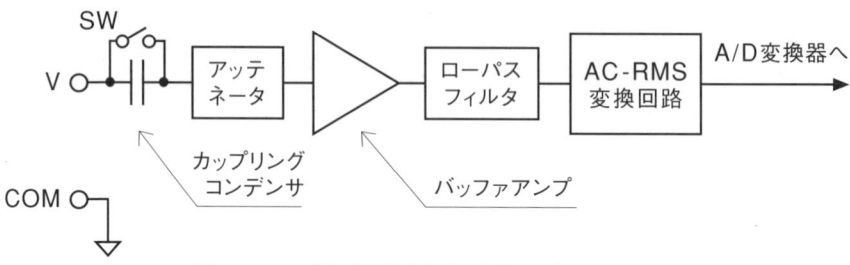

図2.11 交流電圧測定用回路のブロック図

• カップリングコンデンサ

直流電圧に交流電圧が重畳した入力信号から、交流電圧成分のみを測定したいときに、直流電圧成分をカットするために使用します。直流成分を含めた電圧を測定する場合には、SWをONにしてカップリングコンデンサをバイパスします。

• アッテネータ

図2.12は交流電圧測定用回路のアッテネータです。交流電圧測定用のアッテネータは、演算増幅器による反転増幅回路を利用しています。入力抵抗と帰還抵抗の比をSWで切り替えることで、アッテネート比を変更できるようになっています。

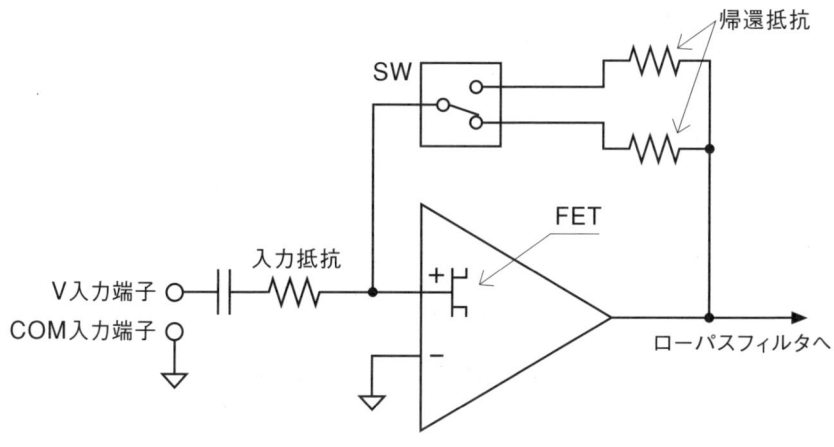

図 2.12 アッテネータ

● バッファアンプ

　バッファアンプは、直流電圧測定用回路のバッファアンプと同じ演算増幅器による非反転増幅回路になっています。直流測定用との違いは、回路の周波数特性です。マルチメータが測定できる交流信号の周波数は数百 kHz なので、バッファアンプは少なくてもそれ以上の帯域を有するものが使用されます。

● 可変ローパスフィルタ

　可変ローパスフィルタは、遮断周波数を可変することのできるローパスフィルタです。前段のアッテネータの入力抵抗は非常に大きいため、入力抵抗の寄生容量により高い周波数領域の利得が大きくなる傾向があります。可変ローパスフィルタを通すことで、通過帯域の周波数特性が平坦となるように調整します。

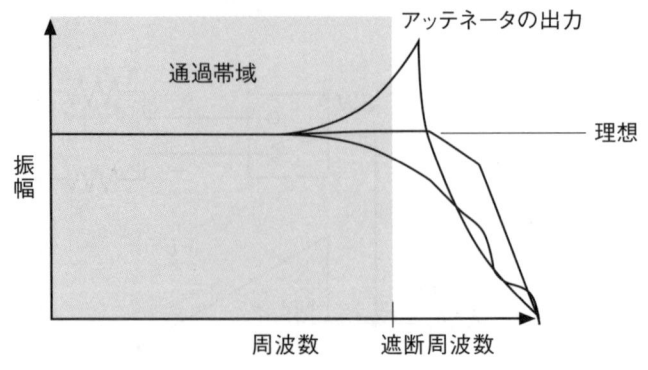

図2.13 可変ローパスフィルタ

● AC-RMS変換器

マルチメータの交流測定では、入力信号のピーク電圧ではなく実効値を測定します。AC-RMS変換器は入力された交流信号の実効値に比例した直流電圧を出力します。回路方式の違いから真の実効値変換方式と平均値整流実行値校正方式とがあります。

＜平均値整流実行値校正方式＞

図2.14に平均値整流実行値校正方式の回路図を示します。

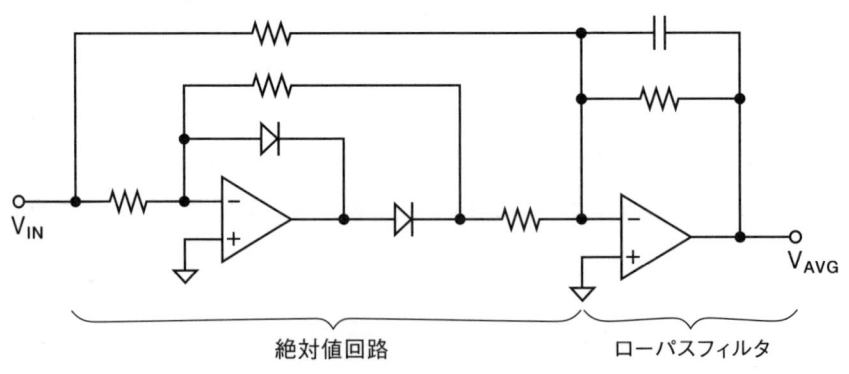

図2.14 平均値整流方式AC-RMS変換回路

入力信号V_{IN}は絶対値回路により全波整流されローパスフィルタにより平滑されて出力されます。この出力信号は入力信号の平均値となります。正弦波の場合、平均値V_{AVG}と実効値V_{RMS}はそれぞれ以下の式で表されます。

$$V_{RMS} = \frac{1}{\sqrt{2}} V_P \tag{1}$$

$$V_{AVG} = \frac{2}{\pi} V_P \tag{2}$$

但し、V_PはV_{IN}の最大値。
従って、

$$V_{RMS} = \frac{\pi}{2\sqrt{2}} V_{AVG} \tag{3}$$

となります。(3)より

$$\frac{V_{RMS}}{V_{AVG}} = \frac{\pi}{2\sqrt{2}} \tag{4}$$

となります。V_{RMS}とV_{AVG}の比を波形率と言います。$\frac{\pi}{2\sqrt{2}} \fallingdotseq 1.11$ より、入力信号が正弦波の場合に限って、ローパスフィルタの出力、つまり平均値を演算処理により1.11倍することで実効値が得られます。ローパスフィルタは反転増幅回路による加算回路になっているので、ローパスフィルタの増幅率を1.11倍に設定すれば、演算処理も省略することが出来ます。

　以上のように平均値整流実効値校正方式では回路規模が小さいため応答速度が速く、安価に作ることが出来る利点があります。欠点としては、正弦波以外の歪み波形の場合に誤差が大きくなるため、実質正弦波以外の波形の測定を行う用途では使用できません。

＜真の実効値変換方式（True-RMS）＞

　真の実効値変換方式は、実効値の定義に従い入力電圧の瞬時値を2乗し平均したものの平方根を求める演算処理を電気回路で実現します。演算結果は実効値の定義通りなので、正弦波に限らず矩形波やパルス波、三角波などの歪み波形でも実効値を測定することができます。

　真の実効値変換方式のAC-RMS変換回路は、絶対値回路と対数増幅回路を利用した2乗回路、除算回路、指数変換回路、平均回路で構成されています。

　図2.15に真の実効値変換方式の回路図を示します。

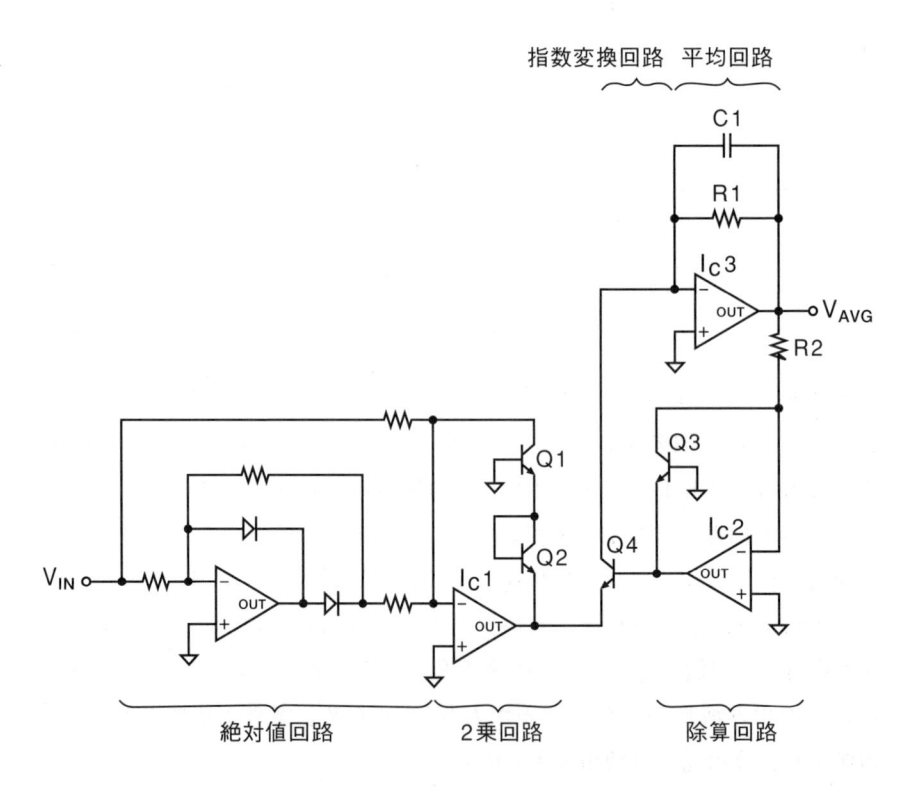

図2.15　真の実効値変換方式AC-RMS変換回路

<対数増幅器>

2乗回路は図2.16で示す対数増幅器で構成されています。

対数増幅器(ログ・アンプ)とは伝達関数が対数となる増幅器です。トランジスタのベース・エミッタ間電圧 V_{BE} とコレクタ電流 I_C の関係が良好なLog特性(対数特性)を示すことを利用します(次の式5参照)。

$$V_{BE} = \frac{kT}{q} \log \frac{I_C}{I_S} \tag{5}$$

I_C：コレクタ電流　　　　　　　I_S：エミッタ飽和電流
k　：ボルツマン定数(1.38×10^{-23} J/K)　T：絶対温度
q　：電子の電荷(1.6×10^{-19} クーロン)

このトランジスタの特性を利用し、図2.16に示すようにトランジスタを反転増幅回路の帰還抵抗とすれば、対数特性の増幅器となります。

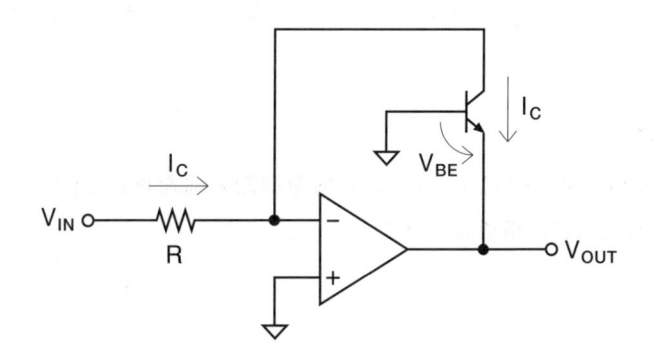

図2.16　対数増幅器

演算増幅器の入力端子にはほとんど電流が流れないため、入力電流 I_C はすべてトランジスタのコレクタ電流となります。トランジスタのベースは接地されているため、オペアンプの出力電圧 V_{OUT} は、$-V_{BE}$ となります。したがって式5より

$$V_{OUT} = -\frac{kT}{q}\log\frac{I_C}{I_S} \tag{6}$$

となります。入力電流 I_C は、

$$I_C = V_{IN}/R \tag{7}$$

より

$$V_{OUT} = -\frac{kT}{q}\log\frac{1}{I_S}\frac{V_{IN}}{R} \tag{8}$$

となり、出力電圧 V_{OUT} は入力電圧 V_{IN} の対数をとったものとなります。

＜2乗回路＞

2乗回路は、図2.17に示すように負帰還回路の帰還抵抗としてトランジスタを2つ直列に入れた構成になります。

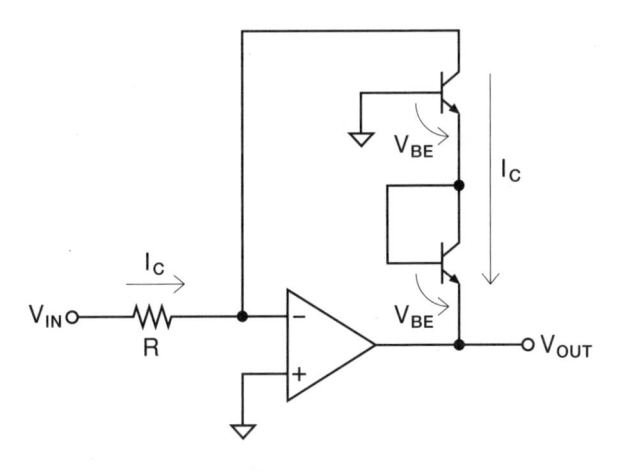

図 2.17　2 乗回路

この回路の演算増幅器の出力 V_{OUT} は I_C に対して V_{BE} の 2 倍変化します（式 9）。

$$V_{OUT} = 2 \times (-V_{BE}) \tag{9}$$

式 5 より、

$$V_{OUT} = 2 \times -\frac{kT}{q} \log \frac{I_C}{I_S}$$

$$= -\frac{kT}{q} \log \left(\frac{I_C}{I_S}\right)^2$$

$$= -\frac{kT}{q} \log \left(\frac{I_C}{I_S} \frac{V_{IN}}{R}\right)^2 \tag{10}$$

となり、出力電圧 V_{OUT} は入力電圧 V_{IN} を 2 乗して対数をとったものとなります。

＜逆対数増幅器＞

　逆対数増幅器（アンチログ・アンプ）は伝達関数が逆対数（指数）となる増幅器です。逆対数増幅器もトランジスタのV_{BE}とI_Cの関係がLog特性となることを利用します。図2.18に示すように、トランジスタを反転増幅回路の入力抵抗とすれば指数特性の増幅器となります。

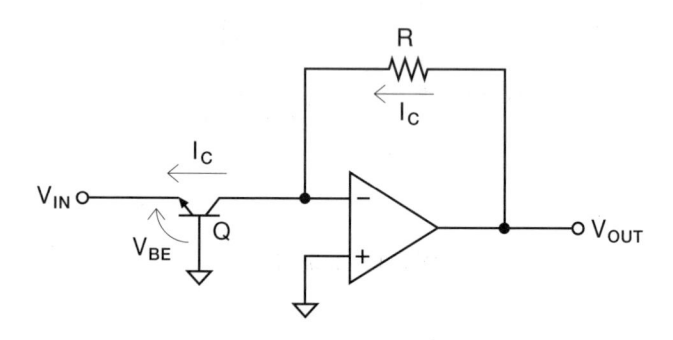

図2.18　逆対数増幅器

トランジスタのベースは接地されているので、

$$V_{IN} = V_{BE} \tag{11}$$

式5を代入して、整理すると、

$$V_{IN} = \frac{kT}{q} \log \frac{I_C}{I_S}$$

$$\frac{q}{kT} V_{IN} = \log \frac{I_C}{I_S}$$

$$e^{\frac{q}{kT} V_{IN}} = \frac{I_C}{I_S}$$

$$I_C = I_S e^{\frac{q}{kT} V_{IN}} \tag{12}$$

演算増幅器の反転入力端子は仮想接地されているので、

$$I_C = \frac{V_{OUT}}{R} \tag{13}$$

式12に代入して、

$$\frac{V_{OUT}}{R} = I_S e^{\frac{q}{kT}V_{IN}}$$

$$V_{OUT} = RI_S e^{\frac{q}{kT}V_{IN}} \tag{14}$$

となり、出力電圧 V_{OUT} は入力電圧 V_{IN} の逆対数（指数）をとったものとなります。

<除算回路>

除算は、被除数ⓐと除数ⓑをそれぞれ対数増幅器で対数変換し、減算回路で対数同士の引き算を行ったものを、逆対数増幅器で指数変換することで行います。

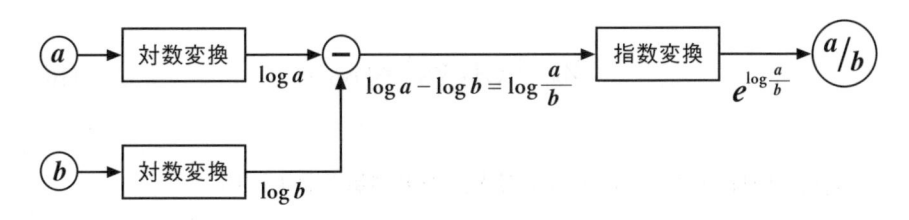

図2.19 除算回路

以上で、除算ができます。

図2.20に真の実効値変換回路のブロック図を示します。

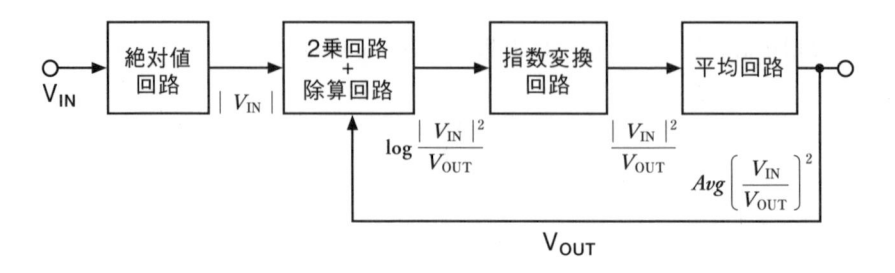

```
┌─────┐   ┌─────────┐      ┌─────────┐      ┌─────┐
│絶対値│   │ 2乗回路  │      │指数変換 │      │平均 │
│回路  │──▶│   +    │─────▶│ 回路   │─────▶│回路 │──○
│     │   │除算回路 │      │         │      │     │
└─────┘   └─────────┘      └─────────┘      └─────┘
```

図2.20 ブロック図

（入力 V_{IN}、途中 $|V_{IN}|$、$\log\dfrac{|V_{IN}|^2}{V_{OUT}}$、$\dfrac{|V_{IN}|^2}{V_{OUT}}$、$Avg\left(\dfrac{V_{IN}}{V_{OUT}}\right)^2$、出力 V_{OUT}）

まず、入力信号 V_{IN} は絶対値回路で整流され $|V_{IN}|$ となります。次に対数回路を利用した2乗回路と除算回路により $\log\dfrac{|V_{IN}|^2}{V_{OUT}}$ となります。次に逆対数回路を通すことで $\dfrac{|V_{IN}|^2}{V_{OUT}}$ となります。
最後に平均回路により

$$V_{OUT} = A_{vg}\left(\frac{|V_{IN}|^2}{V_{OUT}}\right) \tag{15}$$

となります。従って、

$$V_{OUT}^2 = A_{vg}|V_{IN}^2|$$

$$V_{OUT} = \sqrt{A_{vg}|V_{IN}^2|} = V_{IN(RMS)} \tag{16}$$

となり、出力信号 V_{OUT} は入力信号 V_{IN} の実効値となります。

2.1.1.3 直流・交流電流測定用回路

図2.21に電流測定用回路のブロック図を示します。電流測定用回路の役割は、入力端子に加えられた電流値をその大きさに比例した電圧値に変換して出力することです。

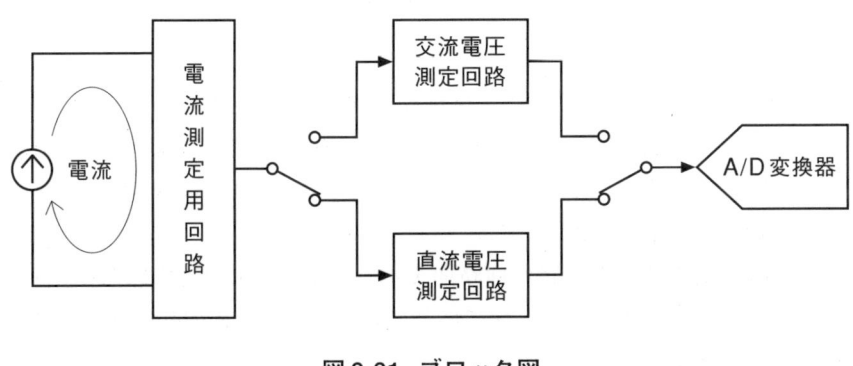

図2.21 ブロック図

● 電流測定の原理

電流値を電圧値に変換する方法は、中学校の理科で習ったオームの法則を利用しています。オームの法則が成り立つ場合、回路に流れる電流$I(A)$は、電圧$E(V)$に比例し、抵抗$R(\Omega)$に反比例します。式で表すと、式17のようになります。

$$I = \frac{E}{R} \tag{17}$$

図2.22に示す未知の直流電流$Ix(A)$を測定したいとします、既知の抵抗$Rs(\Omega)$を用意して、その抵抗に測定したい電流を流し、そのとき抵抗の両端に発生する直流電圧$Ex(V)$を測定すれば、式17より未知の電流$Ix(A)$を求めることができるわけです。$Ex(V)$の測定には、マルチメータの直流電圧測定回路を使用します。

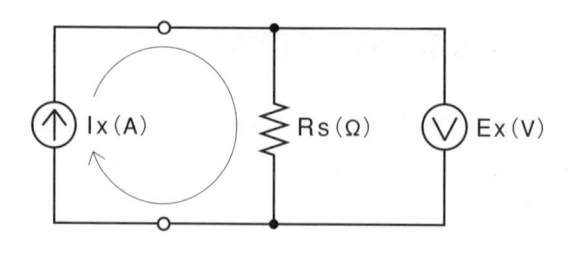

図2.22 直流電圧測定回路

　交流電流を測定する場合でも、抵抗Rsが純抵抗であればオームの法則が成り立ちます。直流の場合との違いは、抵抗Rsに発生する電圧Exが交流電圧になるということです。したがって、Ex(V)の測定には、マルチメータの交流電圧測定回路を使用します。
　図2.23に電流測定用回路の回路図を示します。電流測定用回路は、シャント抵抗とシャント抵抗をレンジに応じて切り替えるためのリレーおよび保護ヒューズで構成されています。

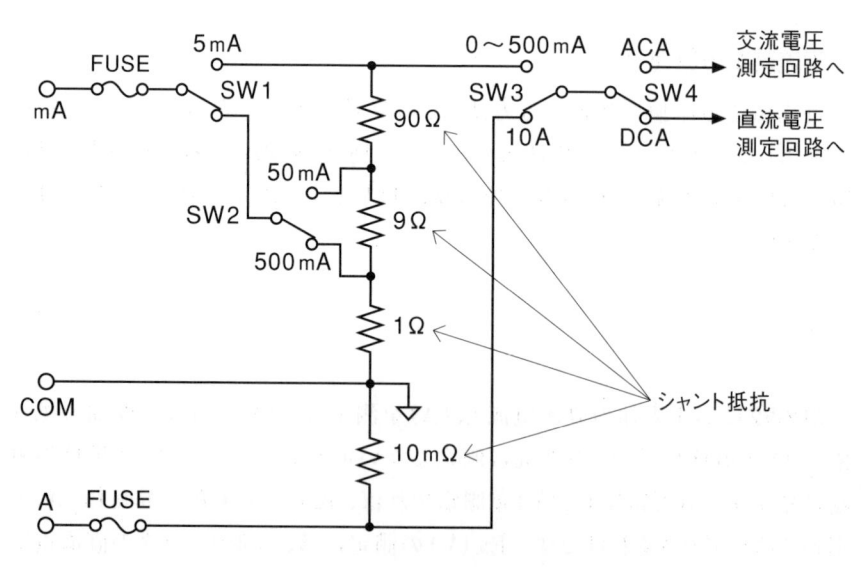

図2.23 電流測定用回路図

数 A 以上の電流を測定できるマルチメータでは、小電流測定用端子とは別に、大電流測定専用の端子が設けられています。

図 2.24 に各測定レンジにおけるシャント抵抗の組み合わせを示します。

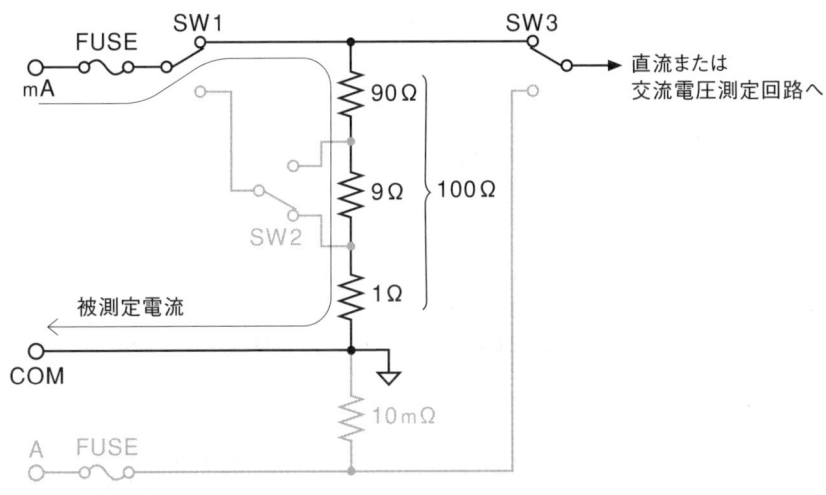

(a) 5mA レンジのシャント抵抗

(b) 50mA レンジのシャント抵抗

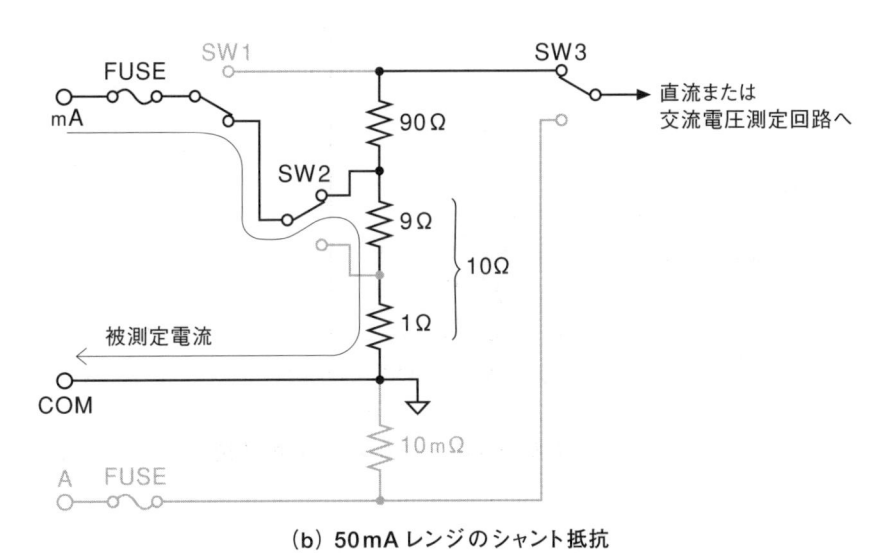

図 2.24 各レンジにおけるシャント抵抗値

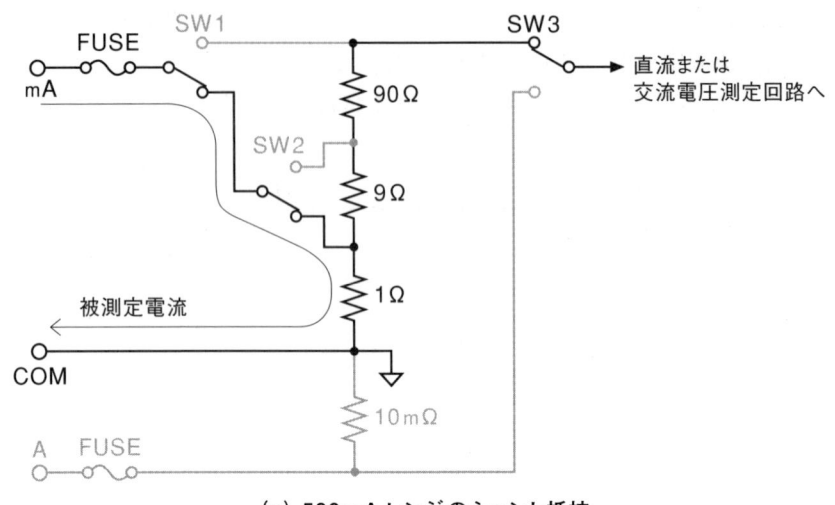

(c) 500mA レンジのシャント抵抗

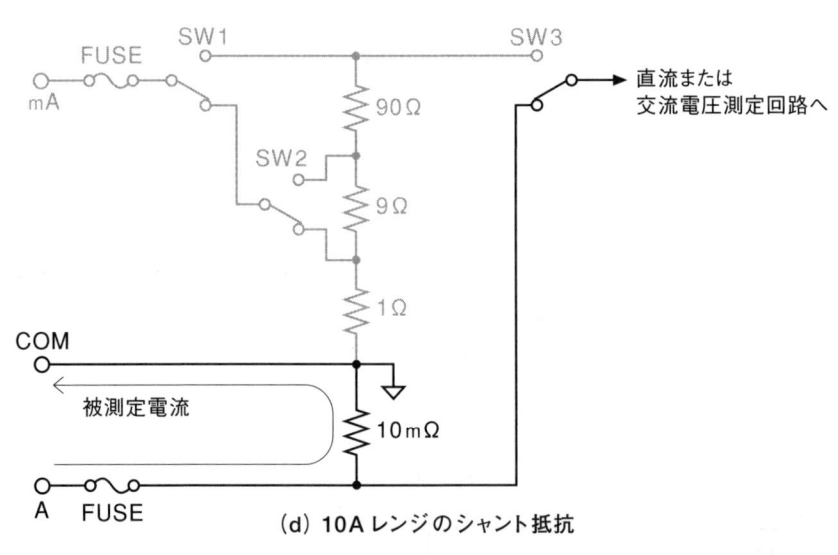

(d) 10A レンジのシャント抵抗

図 2.24 各レンジにおけるシャント抵抗値

• シャント抵抗

　電流を電圧に変換するための抵抗をシャント抵抗と呼びます。シャント抵抗は被測定回路の電流パスに直列に挿入されます。そのため、シャント抵抗の抵抗値はマルチメータの電流測定端子の入力インピーダンスになります。実際には、図 2.25（a）に示すように、マルチメータ内部の配線の抵抗や入力端子の接触抵抗なども含まれます。交流電流測定の場合には、図 2.25（b）に示すように、配線のインダクタンス成分や容量成分によるインピーダンスが加わります。このインピーダンスは入力信号の周波数により変化するため、マルチメータの入力インピーダンスも周波数により変化することになります。

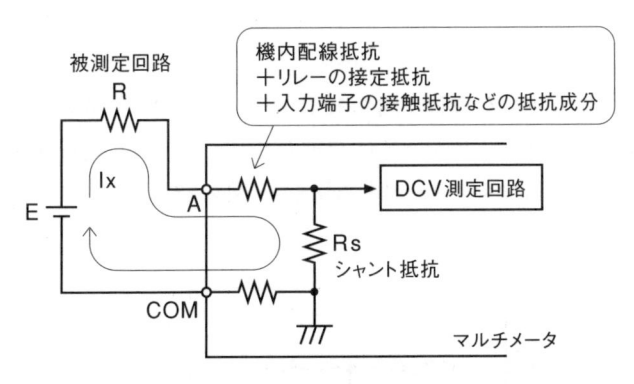

(a) 直流電流測定

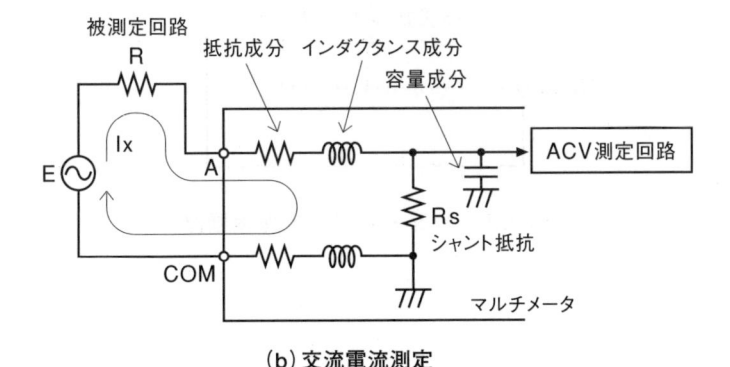

(b) 交流電流測定

図 2.25　電流測定時の入力インピーダンス

• **保護ヒューズ**

　多くのマルチメータは、電圧測定用の入力端子と電流測定用の入力端子が別になっています。そのため、マルチメータの使用中によく起こるミスとして、電流測定端子にテストリードを接続したまま、パネル設定だけ電圧測定に切り替えて電圧測定箇所にテストリードを接続してしまうことです。

　この場合、マルチメータの電流測定用端子の入力インピーダンスは非常に小さいため、電圧測定箇所をマルチメータの入力インピーダンス（シャント抵抗）でショートしている状態になり、場合によっては測定対象を破損することがあります。

　また、電圧測定箇所が大電流を流すことのできる電源やアンプの場合、過大電流が流れてマルチメータ内部のシャント抵抗を焼損してしまいます。

　このような事故を防ぐために、図2.26に示すようなヒューズを使用した保護回路を内蔵しています。ヒューズは交換しやすいように、電流測定用入力端子に内蔵されているマルチメータもあります（図2.27）。

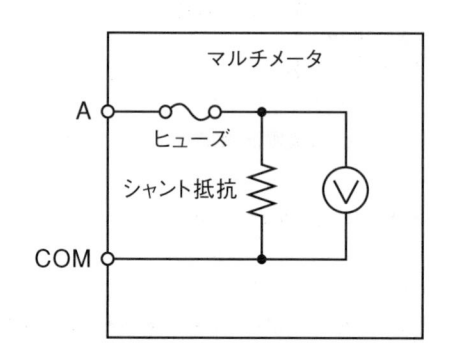

図2.26　ヒューズによる保護回路

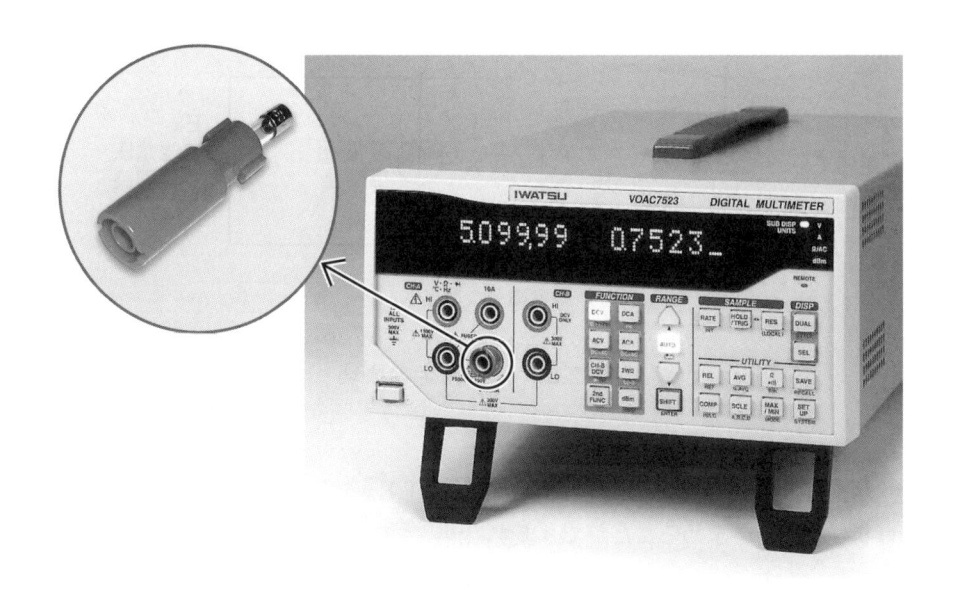

図2.27 ヒューズ内蔵型の電流測定端子

2.1.1.4 抵抗測定用回路

抵抗測定用回路の役割は、入力端子に接続された抵抗の値に比例した電圧を出力することです。

• **抵抗測定の原理**

抵抗測定の方法は、値の分かっている一定の電流(測定電流)$I_s(A)$を、測定対象の抵抗$R_x(\Omega)$に流したときに、抵抗の両端に発生する電圧$E_x(V)$を測定することで行います(図2.28)。測定した電圧E_xと抵抗R_xの間には、オームの法則が成り立ちます(式18)。

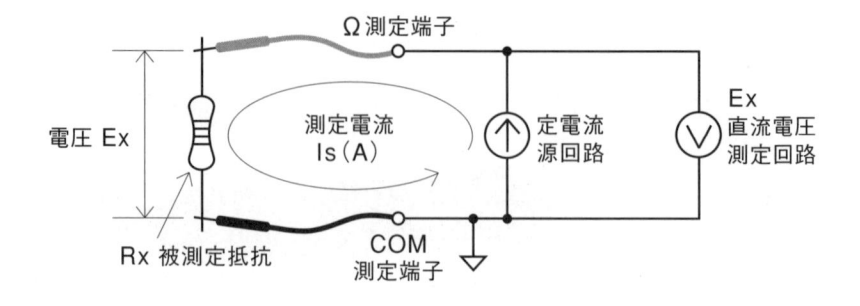

図2.28 抵抗測定の原理

Isの値は分かっているので、得られた電圧ExをIsで割る演算処理を行えば抵抗値Rxを求めることができます。

$$R_X = \frac{E_X}{I_S} \tag{18}$$

• 抵抗測定用回路の構成

図2.29に抵抗測定用回路のブロック図を示します。

抵抗測定用回路は、測定電流を発生させる定電流源回路で構成されています。被測定抵抗の両端に発生する電圧は、直流電圧測定回路を使用して測定します。

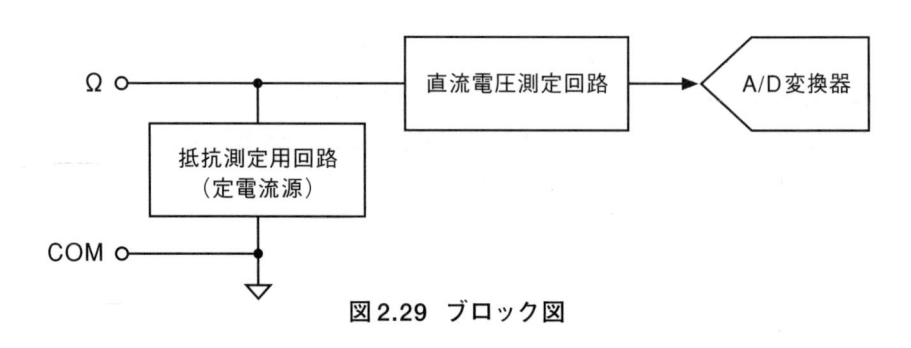

図2.29 ブロック図

• 定電流源回路

　定電流源回路は、被測定抵抗に流す一定の電流を発生させるための回路です。図2.30に定電流源の回路図を示します。定電流源回路の仕組みは、基準抵抗 Rs に測定電流 Is を流したときに基準抵抗の両端に発生する電圧降下 Es が基準電圧 E_{ref} と等しくなるように演算増幅器で制御するというものです。測定電流の切り替えは、基準抵抗と基準電圧の組み合わせを測定レンジに応じてスイッチで切り替えることで行います（表2.2参照）。

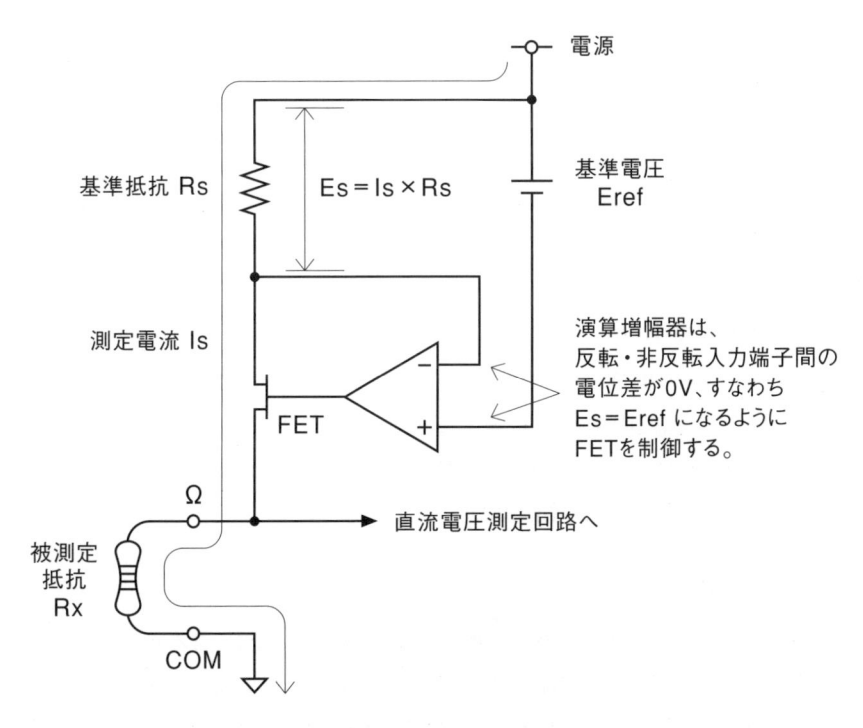

図2.30　定電流源回路

表2.2 基準抵抗と基準電圧の組み合わせ

測定レンジ [Ω]	測定電流 Is [A]	基準電圧 Eref [V]	基準抵抗 Rs [Ω]	直流電圧測定回路の 倍率設定	A/D変換器への 最大出力電圧 [V]
50	10m	1	100	x10	5
500	10m	1	100	x1	5
5K	1m	1	1k	x1	5
50K	100μ	0.1	1k	x1	5
500K	10μ	0.01	1k	x1	5
5M	1μ	1	1M	x1	5
50M	100n	0.1	1M	x1	5
500M	10n	0.01	1M	x1	5

- **抵抗測定の方式**

マルチメータの抵抗測定には、2種類の測定方法があります。1つは2本のテストリードを抵抗の両端に接続して測定する方法で、2線式抵抗測定法と言います（図2.31）。もう1つは、4本のテストリードを使用する方法で、4線式抵抗測定法と言います（図2.32）。

- **2線式抵抗測定法**

2線式抵抗測定法はもっとも一般的な抵抗測定方式で、2本のテストリードを測定したい抵抗器の両端に当てて測定します。たいていの抵抗はこの方式でうまく測定することができます。ところが、測定したい抵抗値が小さくなってくると問題が発生する場合があります。

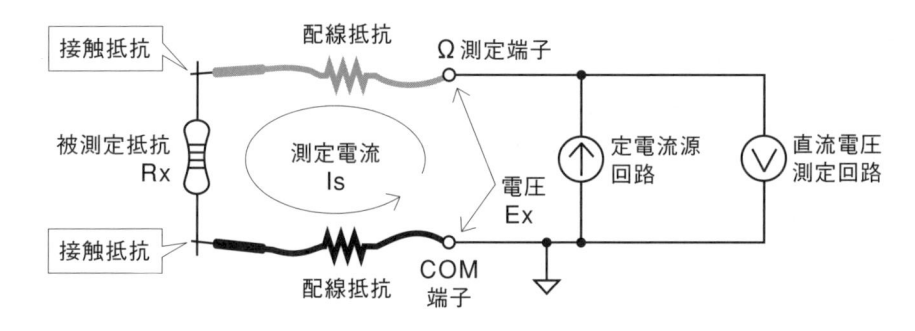

図2.31 2線式抵抗測定法

　図2.31に示すように2線式抵抗測定法では、抵抗の両端の電圧を測定しているわけではなく、マルチメータのΩ入力端子とCOM端子の間の電圧を測定しています。Ω入力端子とCOM端子にはテストリードが接続され、さらにその先が測定したい抵抗器に接続されます。テストリードにはケーブルの抵抗があります。また、テストリードの先端と抵抗器の端子間には接触抵抗が発生します。
　したがって、電圧 E_x は式19のようになるため、2線式測定法ではこれらの余計な抵抗値も一緒に測定していることになります。

$$E_x = (R_x + ケーブルの配線抵抗 + 接触抵抗) \times I_s \tag{19}$$

　テストリードのケーブルの抵抗の影響を取り除くには、あらかじめケーブルの抵抗値を測定しておいて、後で測定値から差し引くようにします。REL演算（NULL演算）機能を使用すれば、この処理を自動で行うことができます。
　しかし、接触抵抗は不安定で、テストリードを抵抗器の端子に押し付ける力の強さなどによって変化するため、演算で取り除くことができず、測定値のばらつきとなって現れます。

- 4線式抵抗測定法

　4線式抵抗測定法は、被測定抵抗に測定電流を流すテストリードと、被測定抵抗の両端に発生する電圧降下を測定するテストリードを分けることにより、テストリードのケーブルの抵抗や接触抵抗の影響を除去して、低抵抗でも少ない誤差で安定した測定をすることができる測定方法です。

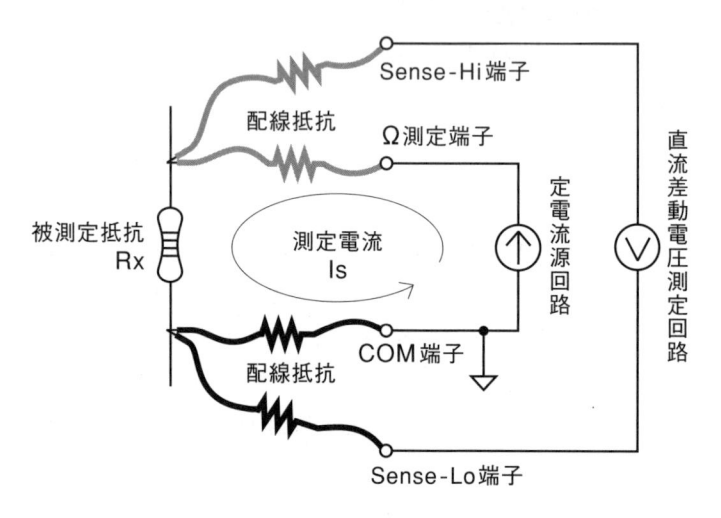

図2.32　4線式抵抗測定法

　図2.32に示すように、測定電流はΩ測定端子からCOM端子へ流れます。抵抗の両端に発生する電圧降下は、Sense-Hi端子とSense-Lo端子で測定します。電圧測定には入力抵抗の非常に大きい直流電圧測定回路を使用するため、Sense-Hi端子およびSense-Lo端子に接続されたテストリードにはほとんど電流が流れません。そのため、テストリードの抵抗に影響されることなく抵抗測定が可能になります。

• 直流差動電圧測定回路

Sense-Hi端子とSense-Lo端子間の電圧Exは、配線抵抗のためにCOM端子からE₁だけ浮いた電圧になっています（図2.33）。

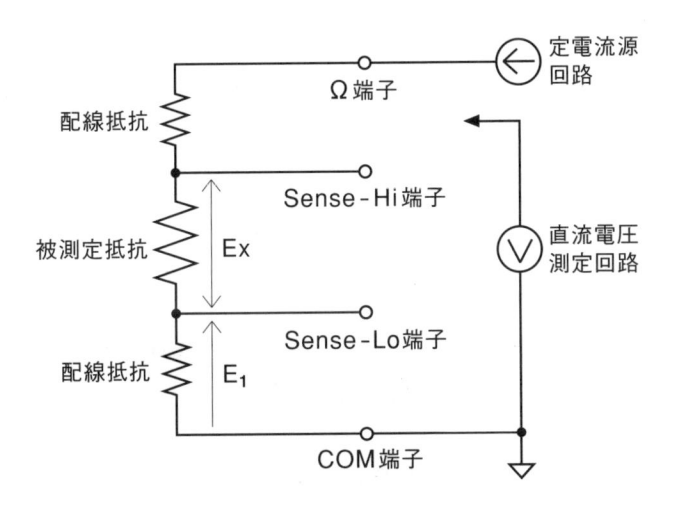

図2.33 直流差動電圧測定回路

直流電圧測定回路はCOM端子を基準電位として電圧を測定するため、Sense-Hi端子とSense-Lo端子間の電圧Exを直接測定することはできません。

そこでマルチメータではExの測定を次のような方法で行います。

1. Sense-Lo端子とCOM端子間の電圧E_1を測定する（図2.34(a)）
2. Sense-Hi端子とCOM端子間の電圧E_2を測定する（図2.34(b)）
3. $Ex = E_2 - E_1$の処理をする

(a) E_1の測定　　(b) E_2の測定

$$Ex = E_2 - E_1$$

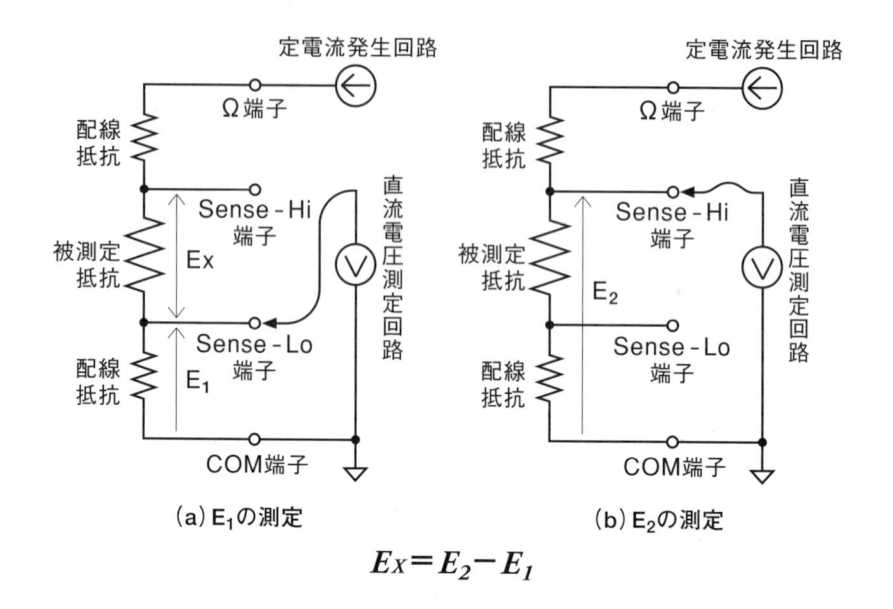

図2.34　直流電圧測定回路

　以上の処理を行うには2つの方法があります。1つはCPUによる数値演算で行う方法ですが、この場合1回の測定結果を得るために2回のA/D変換が必要になりサンプリングレートが下がってしまいます。もう1つの方法は電気的に減算処理を行う方法です。この方法では、直流電圧測定回路で電気的に減算処理を行い、最終的にExをA/D変換器へ出力するため、サンプリングレートが下がりません。

　図2.35に直流電圧測定回路による減算処理の動作を示します。
　まず、SW1によりSense-Lo端子を選択してバッファアンプへ入力します。SW2は閉じられているため、バッファアンプはボルテージフォロアとして動作します。したがって、バッファアンプの出力電圧はSense-Lo端子の電圧E_1と等しくなります。SW3はCOMを選択しているため、コンデンサCはSense-Lo端子の電圧E_1と等しくなるまで充電されます。

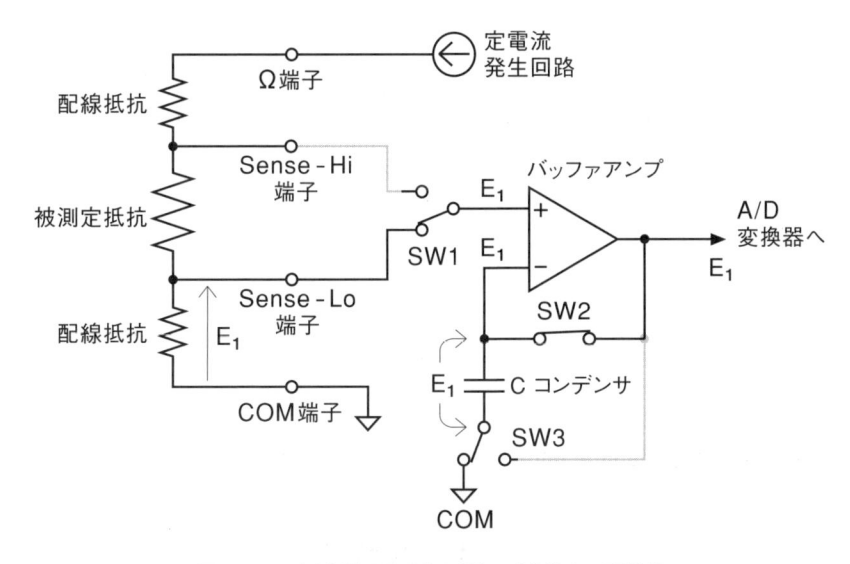

図 2.35　直流電圧測定回路の減算処理動作

次に、SW1を切り替えてSense-Hi端子を選択します。同時にSW2を開き、SW3はバッファアンプの出力側を選択します。

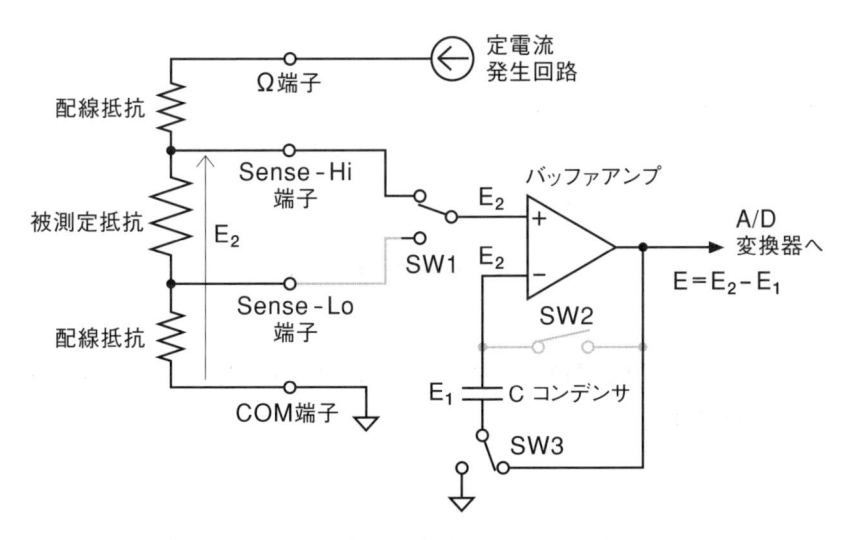

図 2.36　直流電圧測定回路の減算処理動作

このときのバッファアンプの出力電圧を V_O、非反転入力端子の入力電圧を V_+、反転入力端子の入力電圧を V_-、バッファアンプの裸利得を G とすると、

$$V_+ = E_2 \tag{20}$$

$$V_- = V_O + E_1 \tag{21}$$

$$V_O = G(V_+ - V_-) \tag{22}$$

となります。式22に式20および式21を代入して整理すると、

$$V_O = G(E_2 - V_O - E_1)$$

$$V_O + GV_O = G(E_2 - E_1)$$

$$(1+G)V_O = G(E_2 - E_1)$$

$$V_O = \frac{G}{1+G}(E_2 - E_1)$$

ここで、$G \gg 1$ より

$$\frac{G}{1+G} \fallingdotseq 1$$

したがって、

$$V_O = E_2 - E_1 = E_X \tag{23}$$

となり、直流電圧測定回路の出力 V_O は Sense-Lo 端子と Sense-Hi 端子間の電圧 E_X になります。

● LP-OHM測定機能

抵抗測定の機能として、LP-OHM測定機能を持つマルチメータがあります。LPとは、Low Powerの略で、以下のような測定を行う場合に使用します。

図2.37に示すような、回路に実装された状態の抵抗を測定する場合には、半導体のPN接合がON（導通）しないようにして測定する必要があります。

このような測定をインサーキット抵抗測定と呼びます。

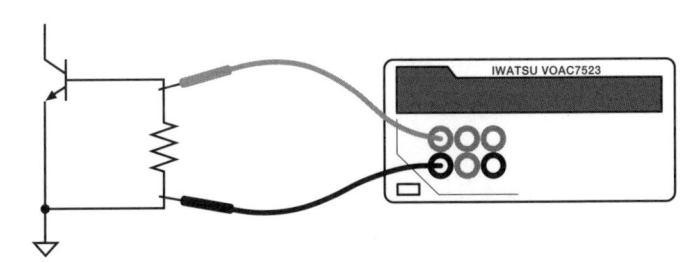

図2.37 回路に実装されている抵抗の測定

PN接合をONさせないで抵抗のみを測定するためには、測定電流を抵抗に流したときに抵抗の両端に発生する電圧を、半導体の順方向電圧降下よりも小さくする必要があります。シリコンダイオードや、シリコントランジスタの順方向電圧降下は、0.6Vから0.7V程度です。

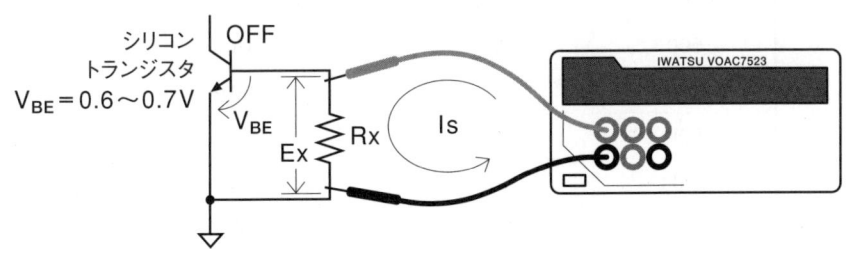

図2.38 PN接合OFFの抵抗測定

Exが Vbe より小さい時は、トランジスタには測定電流は流れないためトランジスタの影響を受けることなく Rx を測定できます。

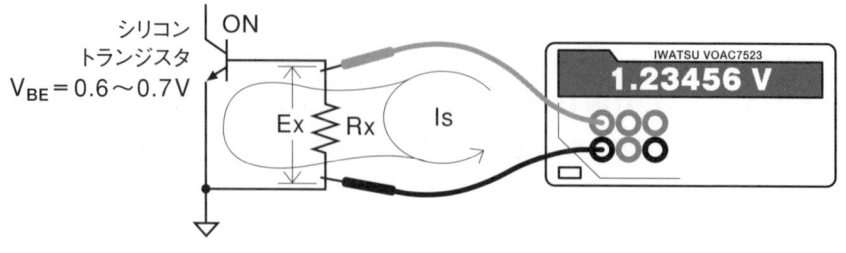

図2.39 PN接合ONの抵抗測定

Exが V_{BE} より大きくなるとトランジスタがONになり、測定電流の一部がトランジスタに流れてしまい、正確に Rx を測定できなくなります。

抵抗の両端に発生する電圧と測定電流の関係は、オームの法則より、

$$E_X = R_X \times I_S$$

表2.3 抵抗測定における各レンジの測定電流値

測定レンジ[Ω]	通常の測定電流[A]	LP-OMH時の測定電流[A]
50	10m	—
500	10m	1m
5k	1m	100μ
50k	100μ	10μ
500k	10μ	1μ
5M	1μ	100n
50M	100n	10n
500M	10n	—

なので、Exを小さくするためにはIsを小さくすればいいことが分かります。そこで、抵抗測定の各レンジの測定電流の値を一桁小さくする機能がLP-OHM機能なのです。

表2.3にLP-OHM測定時の各レンジの測定電流を示します。

たとえば、回路に接続されている$R_X=5[k\Omega]$の抵抗を測定する場合を考えてみます。

＜通常の抵抗測定機能の場合＞

$R_X=5[k\Omega]$なので、測定レンジは5kΩレンジになります。表より5kΩレンジの測定電流は$I_S=1[mA]$なので、抵抗の両端に発生する電圧Exは、

$$E_X = 5[k\Omega] \times 1[mA] = 5[V]$$

となりトランジスタのベースエミッタ間電圧V_{BE}を超えてしまいます。

＜LP-OHM測定機能の場合＞

同様に、表より5kΩレンジの測定電流は$I_S=100[\mu A]$なので、

$$E_X = 5[k\Omega] \times 100[\mu A] = 0.5[V]$$

となり、トランジスタはONすることなく抵抗を測定できるわけです。

また、サーミスタなど温度によって抵抗値が変化するものを測定する場合は、測定電流を減らして抵抗の発熱を抑える目的でLP-OHM測定機能が使用されます。

2.1.1.5 温度測定用回路

温度を測定する方法はいくつもありますが、マルチメータでは熱電対を使用した温度測定を行うことができます。図2.40に温度測定回路のブロック図を示します。

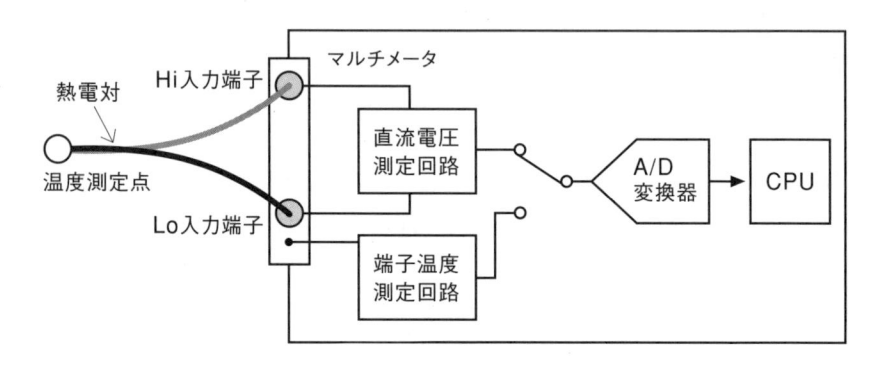

図2.40 温度測定用回路

- **熱電対**

熱電対とは、異なる材料の2本の金属を接続して1つの回路を作り、2つの接点間に温度差を与えると起電力が発生するという現象（ゼーベック効果）を利用した温度センサーです。この熱起電力による電圧を直流電圧測定回路で測定します。

組み合わせる金属の種類により測定可能な温度範囲や測定精度が異なるため種類分けされており、日本工業規格（JIS）や国際電気標準会議（IEC）などで規格化されています。熱電対の種類はアルファベット1文字の記号で表示されます。使用目的に応じて適切に選択する必要があります。

表2.4 JIS 熱電対記号

JIS規定熱電対の記号および構成材料　JIS C1602-1995

記号	構成材料	
	＋　脚	－　脚
B	ロジウム30％を含む白金ロジウム合金	ロジウム6％を含む白金ロジウム合金
R	ロジウム13％を含む白金ロジウム合金	白金
S	ロジウム10％を含む白金ロジウム合金	白金
N	ニッケル、クロムおよびシリコンを主とした合金	ニッケルおよびシリコンを主とした合金
K	ニッケルおよびクロムを主とした合金	ニッケルを主とした合金
E	ニッケルおよびクロムを主とした合金	銅およびニッケルを主とした合金
J	鉄	銅およびニッケルを主とした合金
T	銅	銅およびニッケルを主とした合金

表2.5　JIS規定熱電対の利点と欠点

熱電対	利　点	欠　点
B	1. 1000℃以上の高温測定に適する 2. 常温での熱電能が極めて小さいので補償導線不要 3. 耐酸化、耐薬品性良好	1. 中低温域での熱電能が小さいので、600℃以下の測定不可能 2. 感度が良くない 3. 熱起電力の直線性が良くない 4. 高値である
R S	1. 精度が良くばらつきや劣化が少ない 2. 耐酸化、耐薬品性良好 3. 標準用として使用可能	1. 感度が良くない 2. 還元性雰囲気（特に水素、金属蒸気）に弱い 3. 補償導線の誤差が大きい 4. 高値である
N	1. 熱起電力直線性良好 2. 1200℃以下での耐酸化性良好 3. ショートレンジ・オーダリングの影響が少ない	1. 還元性雰囲気に不適 2. 貴金属熱電対に比べて経時変化が大きい
K	1. 熱起電力直線性良好 2. 1000℃以下での耐酸化性良好 3. 卑金属熱電対の中では安定性良好	1. 還元性雰囲気に不適 2. 貴金属熱電対に比べて経時変化が大きい 3. ショートレンジ・オーダリングによる誤差が生じる
E	1. 現用熱電対の中で感度が最も高い 2. Jに比べて耐熱性良好 3. 両脚比磁性	1. 還元性雰囲気に不適 2. やや履歴現象がある
J	1. 還元性雰囲気中で使用可 2. 熱電能がKより約20％大きい	1. ＋脚の鉄が錆びやすい 2. 特性にばらつき大きい
T	1. 熱起電力直線性良好 2. 低温での特性良好 3. 品質のばらつきが小さい 4. 還元性雰囲気中で使用可能	1. 使用限度が低い 2. ＋脚の銅が酸化しやすい 3. 熱伝導誤差が大きい

〈引用文献〉
(社)日本電気計測器工業会：新編　温度計の正しい使い方　日本工業出版(1997)

• 端子温度測定回路

　熱電対の起電力は、2つの接点の温度差によって決まります。従って、測定点の温度を求めるには、その反対側の接点であるマルチメータの入力端子の温度を測定して補正する必要があります。これを冷接点温度補正といいます。

　端子温度測定方法としては、トランジスタのV_{BE}の温度特性が半導体のPN接合の温度計数（−2mV/℃）であることを利用するものや、最近では、温度を直読できるICを利用するものがあります。

• リニアライズ処理

　熱電対の温度に対する起電力はJIS-C-1602-1981/IEC-584-1により規格化されています。規格は片側の接点の温度を0℃とし、反対側の接点の温度に対する熱起電力を表の形で示しています。

　この表より、熱電対から得られる電圧は、温度に対して直線（リニア）でないことが分かります。そのため、直流電圧測定回路で測定した熱電対の電圧を温度に変換する処理が必要になります。これをリニアライズ処理といいます。リニアライズ処理は、熱電対の特性曲線を折れ線近似した関数を用意しておき、CPUで演算することで行います（図2.41）。

　熱電対の特性曲線は、熱電対の種類により異なるため、マルチメータは対応する熱電対の数だけ折れ線近似関数を内臓しています。マルチメータは接続されている熱電対の種類を知ることはできません。そのため、ユーザは使用する熱電対の種類を正しくマルチメータに設定しなければいけません。

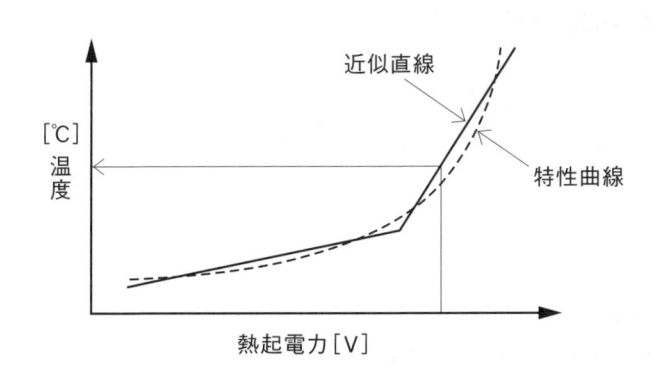

図2.41　特性曲線と直線近似

2.1.2 A/D変換器

マルチメータに入力されたアナログ信号は、入力部の各種変換回路により直流電圧となり、最後にA/D変換器にたどり着きます。A/D変換器は、この直流電圧をディジタルの数値データに変換します。

A/D変換器の性能には、精度、分解能、変換時間があり、これらはマルチメータの基本性能を決める重要な要素になります。

A/D変換にはいくつかの手法があり、性能についてもそれぞれ長所や短所がありますが、マルチメータでは主にデルタシグマ変調方式と積分方式が使用されます。

2.1.2.1 デルタシグマ変調方式

デルタシグマ変調方式のA/D変換器は以下のような特徴があります。

- 1つのLSIで容易にA/D変換部を構成できるため小型化できる。
- 高分解能なものは低速。
- 電源ハムのリジェクション機能がない。

以上の特徴から、ハンディタイプなど表示桁数が少なく、低サンプリングレートのマルチメータに使用されています。

2.1.2.2 積分方式

積分方式のA/D変換器は、多くのベンチトップタイプのマルチメータに使用されています。以下のような特徴があります。

長　所
- 高確度
- 高分解能
- 電源ハムのリジェクション機能

短　所
- 構成部品が多く複雑
- 精度を上げようとすると、変換に時間がかかる

次にディジタルマルチメータに使用される最も基本的な積分方式のA/D変換器を示します。

- 2重積分方式

(a) 回路構成

2重積分方式のA/D変換器のブロック図を図2.42に示します。

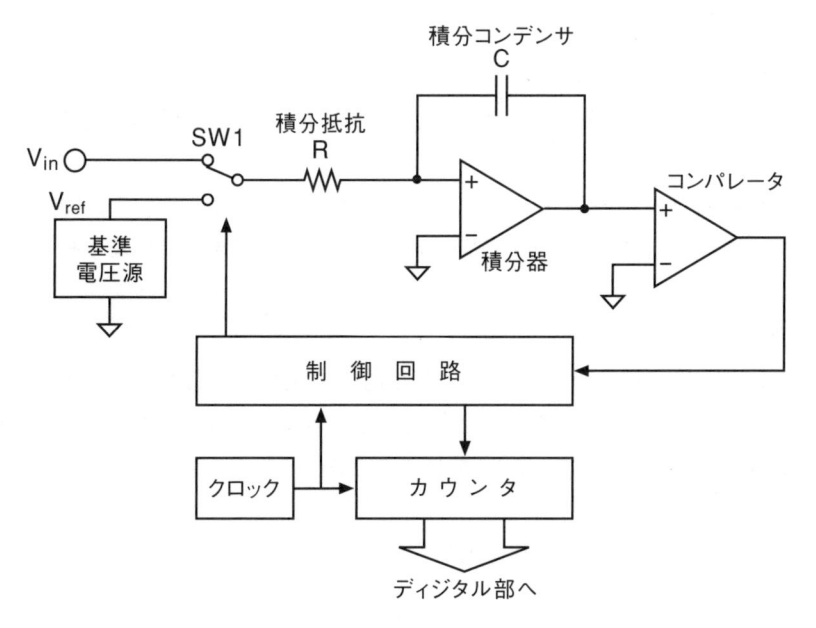

図2.42　2重積分方式A/D変換器

1. 積分器

　　積分抵抗Rと積分コンデンサC、および演算増幅器から構成され、入力信号V_{in}または、基準電圧V_{ref}を時間積分します。

2. 基準電圧源

　　高安定な電圧源です。周囲温度変化や電源電圧の変動に対する電圧安定度が、長期間にわたって保証されているものが使用されます。

3. 入力切り替えスイッチ

　　入力信号V_{in}と基準電圧V_{ref}を制御回路からの信号により切り替えるアナログスイッチです。

4. コンパレータ

　　積分器の出力が接続され、入力信号V_{in}の符号や積分器出力のゼロレベルを検出して制御回路へ出力します。

5. 制御回路

　　積分器の入力を切り替えるスイッチの制御や、コンパレータの入力を受けてゲート信号を生成し、カウンタのスタート/ストップを制御します。

6. カウンタ

　　制御回路からのゲート信号で基準クロックをカウントします。積分時間の計測に使用され、カウンタのカウント数がA/D変換結果になります。

(b) 動作原理

　1回のA/D変換を行うために、入力電圧の積分と、基準電圧の積分で2回の積分を行うことから2重積分方式と呼ばれています。また、積分器の出力波形が2つのスロープ(傾き)を持つことからデュアルスロープ方式とも呼ばれます。

　図2.43にA/D変換器の動作波形を示します。

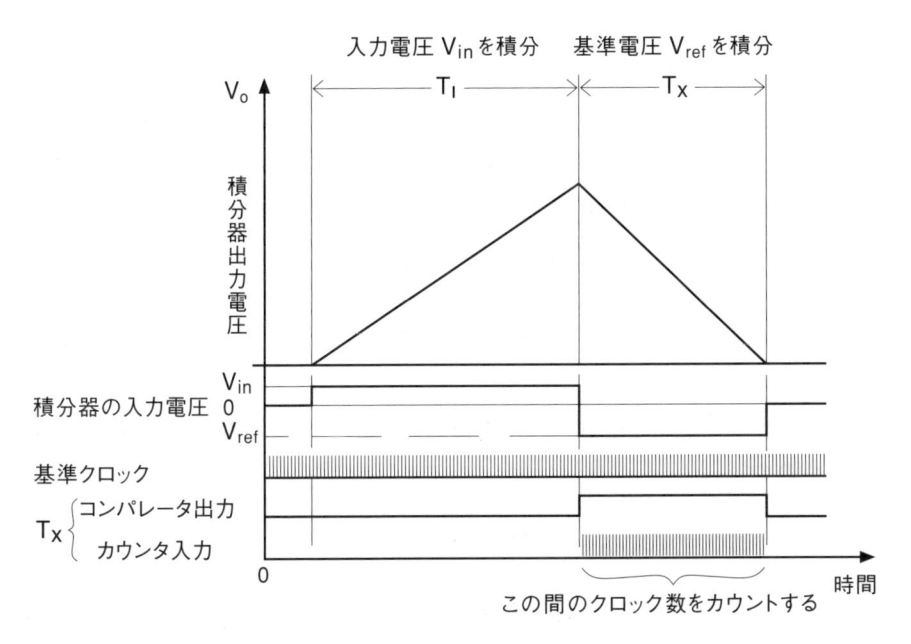

図2.43 2重積分方式の動作波形

i) 入力電圧 V_{in} の積分

まず、積分器の出力 V_O が 0V の状態から始めます。SW1を切り替えて V_{in} が積分器に入力されるようにすると、V_O は次第に増加していきます。この状態を一定の時間 T_I だけ維持します。すると積分コンデンサ C に蓄えられる電荷 Q_1 は、

$$Q_1 = \frac{V_{in} \times T_I}{R} \quad (24)$$

となり、積分器の出力電圧 V_O は

$$V_O = \frac{Q_1}{C}$$

$$= \frac{V_{in} \times T_I}{R \times C}$$

となります。

ii) 基準電圧 V_{ref} の積分

　次に、SW1を切り替えて入力電圧 V_{in} とは逆極性の基準電圧 V_{ref} が積分器に入力されるようにします。V_{in} の極性はコンパレータの出力で判定します。V_{ref} は V_{in} と極性が逆のため積分器の出力電圧 V_O は減少していきます。V_O が0Vに達するまでの時間を T_x とすると、V_{ref} を積分することにより積分コンデンサCから放電された電荷 Q_2 は、

$$Q_2 = V_{ref} \times T_x \qquad (25)$$

となります。V_{in} により充電された電荷 Q_1 と V_{ref} により放電された電荷 Q_2 は等しいので、

$$Q_1 = Q_2$$

$$V_{in} \times T_I = V_{ref} \times T_x$$

V_{in} について整理すると、

$$V_{in} = V_{ref} \times \frac{T_x}{T_I} \qquad (26)$$

となります。V_{ref} と T_I は既知の値なので、T_x がわかれば V_{in} が分かることになります。T_I および T_x は基準クロックのパルス数をカウンタで数えることで求めます。

　時間 T_I を得るのに必要なカウント数を N_I、基準クロックの周波数を f_{clk} とすると、

$$T_I = \frac{N_I}{f_{clk}} \qquad (27)$$

となります。

T_xを求めるには、V_{ref}の積分開始と同時にカウンタをスタートさせ、V_Oが0Vに達したときにストップするようにします。そのときのカウント数をN_x、基準クロックの周波数をf_{clk}とすると、T_xは次式で表されます。

$$T_x = \frac{N_x}{f_{clk}} \tag{28}$$

式26に式27および式28を代入して、N_xについて整理すると、

$$V_{in} = V_{ref} \times \frac{T_x}{T_I}$$

$$= V_{ref} \times \frac{\dfrac{N_x}{f_{clk}}}{\dfrac{N_I}{f_{clk}}}$$

$$= V_{ref} \times \frac{N_x}{N_I}$$

$$N_x = N_I \times \frac{V_{in}}{V_{ref}} \tag{29}$$

以上より、入力電圧V_{in}をN_xというカウンタ値、つまりディジタルのデータとして得ることができるようになります。

(c) 具体例

3桁のA/D変換器の場合、N_Iを1000、V_{ref}を1Vとすると、式29より

$$N_x = 1000 \times \frac{V_{in}}{1}$$

であるので、入力電圧V_{in}が0V、0.123V、1.000Vの時のA/D変換値は、それぞれ

$$N_x = 1000 \times \frac{0}{1} \qquad N_x = 1000 \times \frac{0.123}{1} \qquad N_x = 1000 \times \frac{1.000}{1}$$
$$= 0 \qquad\qquad\qquad = 123 \qquad\qquad\qquad = 1000$$

となります。

(d) 2重積分方式の分解能

A/D変換器の分解能とは、アナログ値をディジタル値に変換するときにアナログ値をどれほど細かく分割できるかを表したもので、単位はビットです。

A/D変換器の最大入力電圧(フルスケール電圧)をV_{FS}とすると、1ビットあたりの電圧V_{res}とビット数Nの関係は、

$$V_{res} = \frac{V_{FS}}{2^N}$$

となります。たとえば、A/D変換器の最大入力電圧(フルスケール電圧)V_{FS}が5Vで、ビット数が20ビットのA/D変換器のV_{res}は

$$V_{res} = \frac{V_{FS}}{2^{20}}$$

$$= 5/2^{20}$$

$$\fallingdotseq 0.000005$$

となり、1ビット当たり0.00001Vの分解能ということになります。逆に、V_{FS}が5Vで最大表示が500000カウント（つまり5桁半）のマルチメータのV_{res}は

$$V_{res} = 5/500000 = 0.00001 [V]$$

になります。

$$V_{res} = \frac{V_{FS}}{2^N}$$

より、分解能は

$$0.00001 = 5/2^N$$

$$2^N = 500000$$

$$N = \log_2 500000$$

$$\fallingdotseq 19$$

となり、19ビットのA/D変換器を搭載していることになります。

• 3重積分方式

　積分方式のA/D変換器は一般に、分解能を上げようとするとサンプリングレートが下がり、逆にサンプリングレートをあげようとすると分解能が下がる、という欠点があります。3重積分方式はこの欠点を克服して、分解能の向上と高速サンプリングを実現するために考案されました。

(a) 回路構成

　3重積分方式のA/D変換器のブロック図を図2.44に示します。2重積分型との違いは、基準電圧がV_{ref1}とV_{ref2}の2つになり、SW1の接点が増え、コンパレータ2と、比較電圧V_C、カウンタ2が追加されていることです。

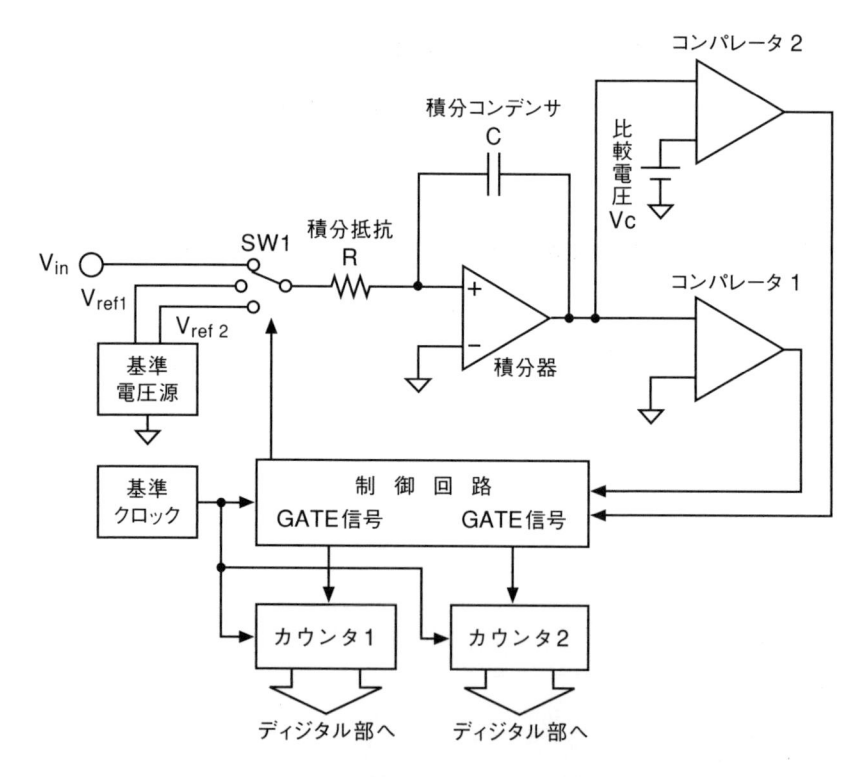

図2.44　3重積分方式A/D変換器

(b) 動作原理

3重積分方式では、入力電圧 V_{in} の積分は2重積分方式と同じですが、基準電圧の積分を2回に分けて行うところに特徴があります。前半の基準電圧の積分は粗く急速に行うことで積分時間を短縮します。後半の積分は緩やかに行うことで精度を確保します。これにより、精度を維持しつつ全体の積分時間の短縮を実現しています。合計で3回の積分を行うことから、3重積分方式と呼ばれています。図2.45に3重積分方式のA/D変換器の動作波形を示します。

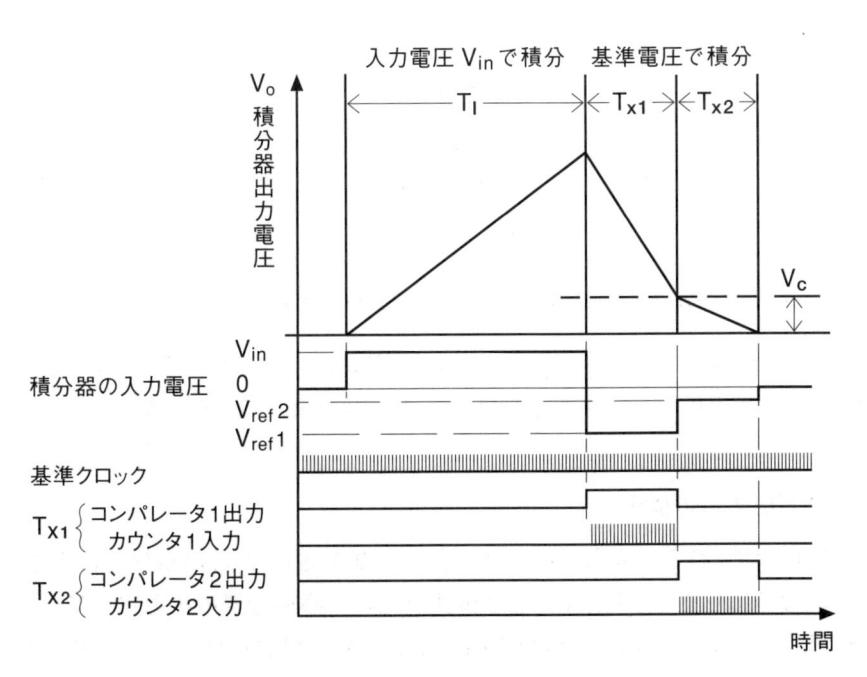

図2.45 3重積分方式の動作波形

i) 入力電圧 V_{in} の積分

まず積分器の出力 V_O が 0V の状態から始めます。SW1 を切り替えて V_{in} が積分器に入力されるようにすると、V_O は次第に増加していきます。この状態を一定の時間 T_I だけ維持します。このとき積分コンデンサ C に蓄えられる電荷 Q_1 は、

$$Q_1 = \frac{V_{in}}{R} \times T_I \tag{30}$$

となり、積分器の出力電圧 V_O は

$$V_O = \frac{Q_1}{C}$$

$$= \frac{V_{in} \times T_I}{R \times C} \tag{31}$$

となります。

このとき V_O の大きさにより次の積分処理が変わります。

- V_O が比較電圧 V_C よりも大きい場合には、ii)、iii) の順に積分を行います。
- V_O が比較電圧 V_C よりも小さい場合には、iii) の積分のみ行います。

ii) 基準電圧 V_{ref1} の積分

SW1 を切り替えて入力電圧とは逆極性の基準電圧 V_{ref1} が積分器に入力されるようにします。V_{ref1} は V_{in} と極性が逆のため積分器の出力電圧 V_O は減少していきます。V_{ref1} の積分を始めてから V_O が比較電圧 V_C に達するまでの時間を T_{x1} とすると、T_{x1} の間に積分コンデンサ C から放電された電荷 Q_2 は、

$$Q_2 = \frac{V_{ref1}}{R} \times T_{x1} \tag{32}$$

となります。

iii) 基準電圧 V_{ref2} の積分

　SW1を切り替えて V_{ref2} が積分器に入力されるようにします。V_{ref2} も V_{in} とは逆極性になるようにするので、引き続き V_O は減少していきます。V_{ref2} の積分を初めてから V_O が 0V に達するまでの時間を T_{x2} とすると、T_{x2} の間に積分コンデンサCから放電された電荷 Q_3 は、

$$Q_3 = \frac{V_{ref2}}{R} \times T_{x2} \tag{33}$$

となります。V_{in} により充電された電荷 Q_1 と、V_{ref1} および V_{ref2} により放電された電荷の合計 $Q_2 + Q_3$ は等しいので、

$$Q_1 = Q_2 + Q_3 \tag{34}$$

式34に式30、式32、式33を代入して、

$$V_{in} \times T_I = V_{ref1} \times T_{x1} + V_{ref2} \times T_{x2}$$

V_{in} について整理すると、

$$V_{in} = \frac{V_{ref1} \times T_{x1} + V_{ref2} \times T_{x2}}{T_I}$$

ここで、

$$V_{ref1} = V_{erf2} \times 2^n$$

となるように設定すると、

$$V_{in} = \frac{V_{ref2} \times 2^n \times T_{x1} + V_{ref2} \times T_{x2}}{T_I}$$

$$= \frac{V_{ref2}(2^n \times T_{x1} + T_{x2})}{T_I} \tag{35}$$

となります。V_{ref2}とT_Iは既知の値なので、T_{x1}とT_{x2}が分かればV_{in}が分かることになります。T_{x1}とT_{x2}は、カウンタ1とカウンタ2のカウンタ値をそれぞれN_{x1}、N_{x2}、基準クロックの周波数f_{clk}とすると、

$$T_{x1} = \frac{N_{x1}}{f_{clk}} \tag{36}$$

$$T_{x2} = \frac{N_{x2}}{f_{clk}} \tag{37}$$

となります。式35に式36、37および式27を代入して、

$$V_{in} = \frac{V_{ref2}\left(2^n \times \dfrac{N_{x1}}{f_{clk}} + \dfrac{N_{x2}}{f_{clk}}\right)}{\dfrac{N_I}{f_{clk}}}$$

$$= \frac{V_{ref2}(2^n \times N_{x1} + N_{x2})}{N_I}$$

従って、A/D変換結果のカウンタ値は、

$$(2^n \times N_{x1} + N_{x2}) = N_I \times \frac{V_{in}}{V_{ref2}}$$

となります。左辺より、N_{x1}はN_{x2}に対して2^nの重み付けをされていることになります。つまり、N_{x2}はA/D変換結果の下位nビットを表し、N_{x1}はその上位ビットを表しています(図2.46)。

カウンタ1の値 N_{x1}							カウンタ2の値 N_{x2}			
l-1	l-2	l-3	..	2	1	0	n-1	..	2	1	0

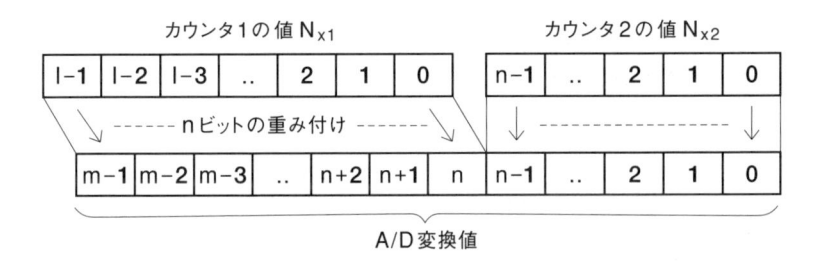

← nビットの重み付け →

|m-1|m-2|m-3|..|n+2|n+1|n|n-1|..|2|1|0|

A/D変換値

図2.46 A/D変換の重み付け

　ある入力電圧 V_{in} に対して N_{x1}、N_{x2} がどのような組み合わせになるかは、比較電圧 V_C の大きさで決まります。V_C が大きければ大きいほど、T_{x2} の時間が長くなり、A/D変換に時間がかかってしまいます（図2.47）。A/D変換を高速に行うためには、V_C を小さくして T_{x2} を短くする必要があります（図2.48）。

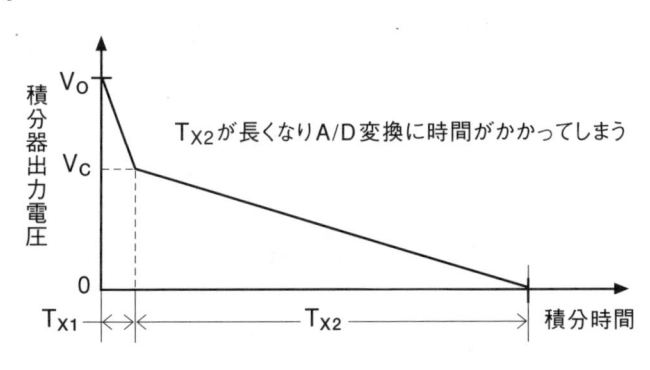

図2.47 V_C が大きい場合

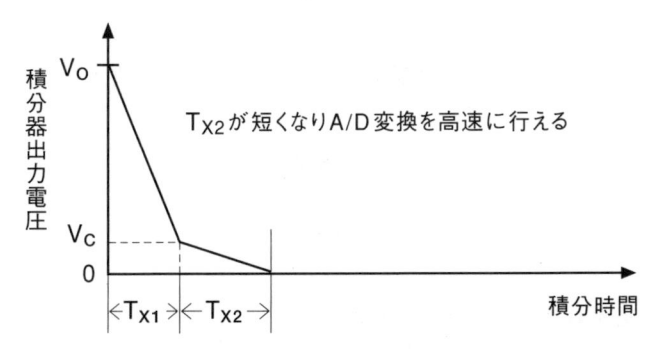

図2.48 V_C が小さい場合

V_C の最適値は、N_{x2} が 2^n となるような時間 V_{ref2} を積分した時の積分器の出力電圧に等しくなります（図2.49）。

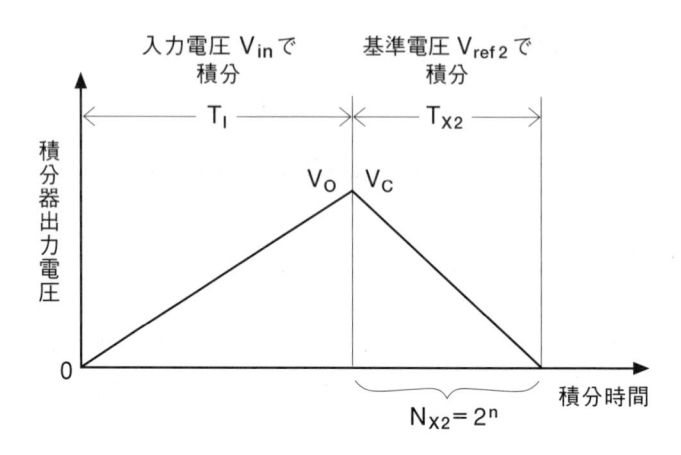

図2.49 比較電圧 V_C の最適値

V_{ref2} を T_{x2} 時間積分した時の積分器の出力電圧 V_C は

$$V_C = \frac{V_{ref2} \times T_{x2}}{R \times C}$$

式37を代入して

$$V_C = \frac{V_{ref2} \times \frac{N_{x2}}{f_{clk}}}{R \times C} \tag{38}$$

となる。$N_{x2} = 2^n{}_a$ のとき V_C は最適となるので、式38に代入して

$$V_C = \frac{\frac{2^n \times V_{ref2}}{f_{clk}}}{R \times C}$$

を V_C に設定すればよいことになります。

2.1.3 ディジタル部

ディジタル部はマルチメータ全体を制御します。
図2.50にディジタル部のブロック図を示します。

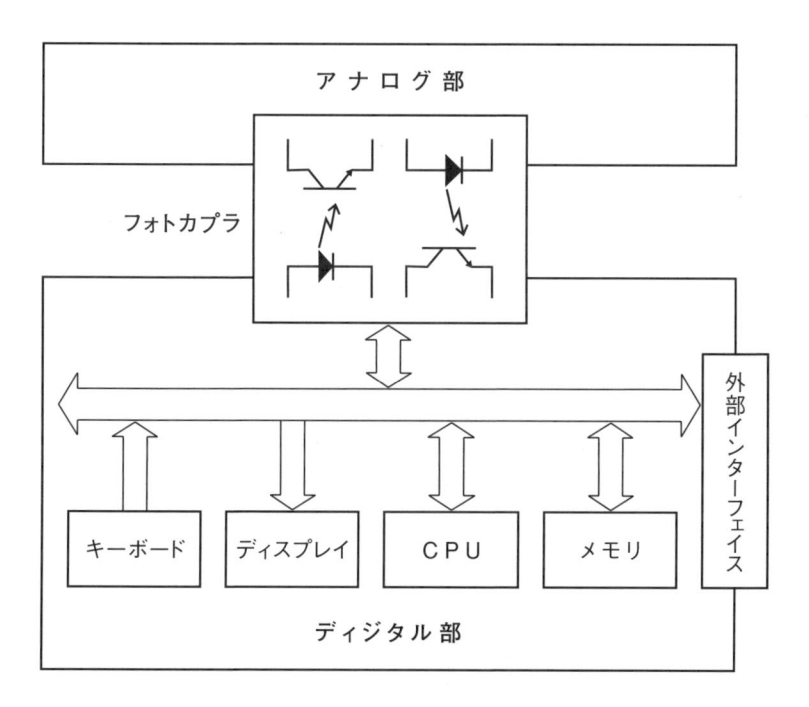

図2.50 ディジタル部のブロック図

　ディジタル部は、正面パネルのキーボードからユーザの入力を受け付け、測定値をディスプレイに表示します。ユーザにより設定されたファンクションやレンジに従って、アナログ部のリレーやアナログスイッチの制御、A/D変換器の制御やA/D変換結果を受け取り、測定値への変換を行います。
　測定値はディジタルデータですから、メモリーに記憶し、CPUの計算によりREL（NULL）演算、最大値・最小値・平均値などの統計演算、スケーリング演算、コンパレート演算などの処理を行うことができます。

またGPIBやRS-232、LANなどのインターフェイスを通して外部機器（PC）から制御を受けたり、測定結果を送信したりする通信制御（リモート）を行います。

ディジタル部はインターフェイスを通して外部機器と接続されるため、ディジタル部とアナログ部は電気的に絶縁する必要があります。制御信号の絶縁にはフォトカプラが使用されます。電源部分の絶縁にはトランスが使用されます。

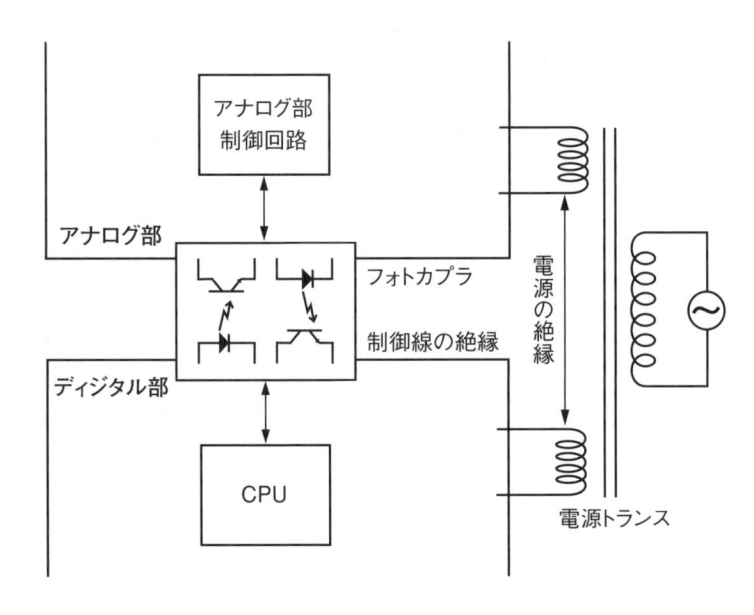

図 2.51 アナログ部とディジタル部の制御線および電源部の絶縁

Chapter ········· 3

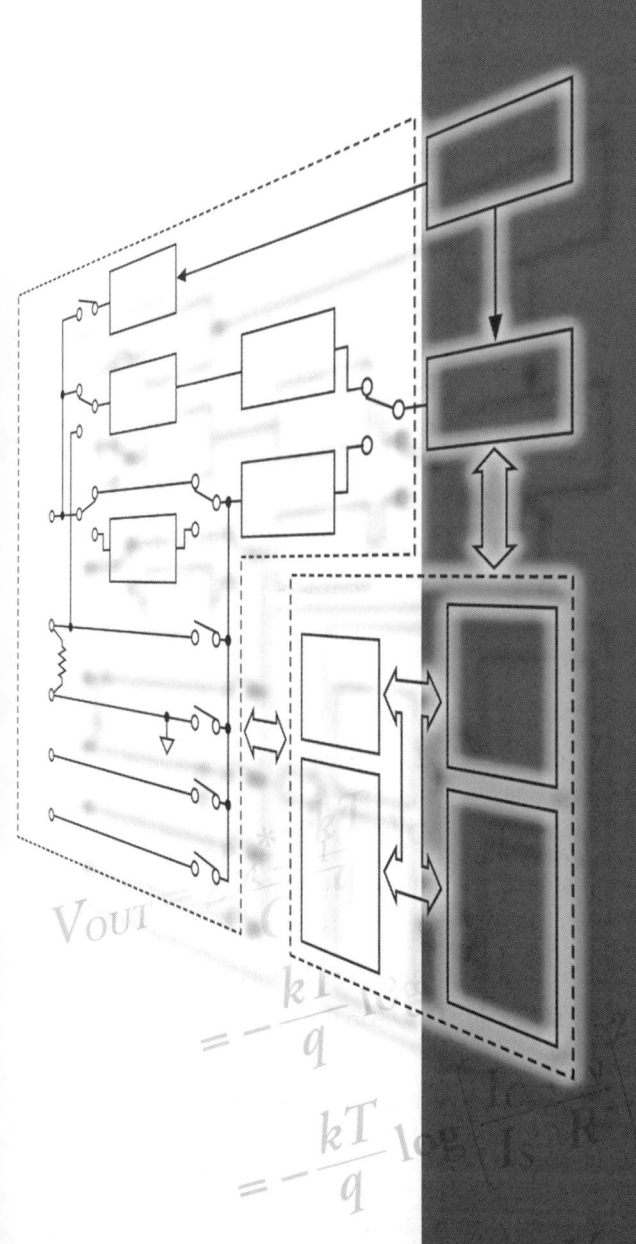

第3章
ディジタルマルチメータを選ぶポイント

3 ディジタルマルチメータを選ぶポイント

ディジタルマルチメータには、ハンディタイプやベンチトップタイプがあり、測定可能なファンクションやレンジ、測定値の表示桁数や精度などいろいろなものが存在します。数あるマルチメータの中から、目的の測定に最適な機能・性能のものを選択するポイントを紹介します。

3.1 測定ファンクション

測定ファンクションとはマルチメータが測定することのできる電気の基本量の種類です。測定したいファンクションをマルチメータが有しているか確認する必要があります。

標準的なディジタルマルチメータは直流電圧測定（DCV）、直流電流測定（DCA）、交流電圧測定（ACV）、交流電流測定（ACA）、2端子抵抗測定（2Wire-OHM）、導通テストのファンクションを持っています。

1ランク上の機種では、4端子抵抗測定（4Wire-OHM）や、温度測定（TEMP）、周波数測定（FREQ）、ダイオードの順方向電圧測定（DIODE）、直流電圧に重畳した交流電圧を測定することができる AC+DCV 測定、同じく電流について AC+DCA 測定などの機能を持つものもあります。

また、2系統の直流電圧測定（CH-BDCV）を有するマルチメータもあります。

第3章 ディジタルマルチメータを選ぶポイント

- 直流・交流・電流測定
- 熱電対 温度測定
- 容量測定
- 抵抗測定
- 交流電圧測定
- 直流電圧測定
- ダイオード測定 導通テスト

- 直流電圧測定（DCV）
- 交流電圧測定（ACV）
- CH-B 直流電圧測定（CH-B DCV）
- 直流電流測定（DCA）
- 交流電流測定（ACA）
- 2端子抵抗測定（2WΩ）

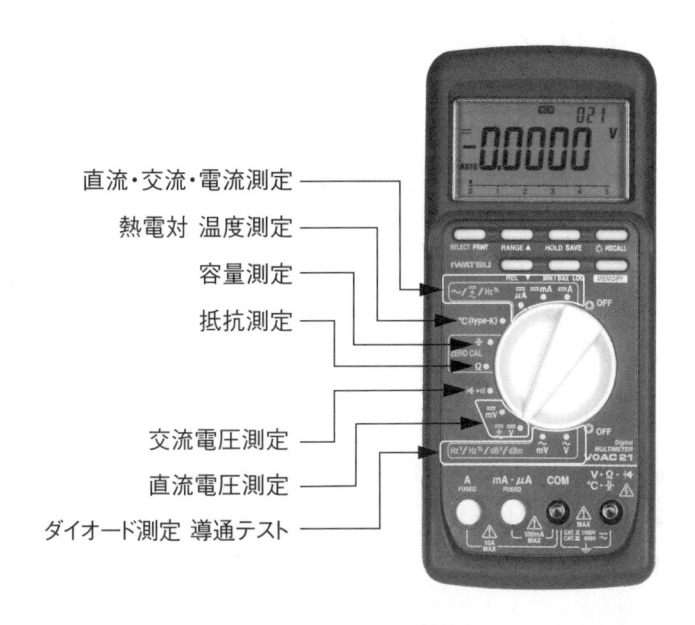

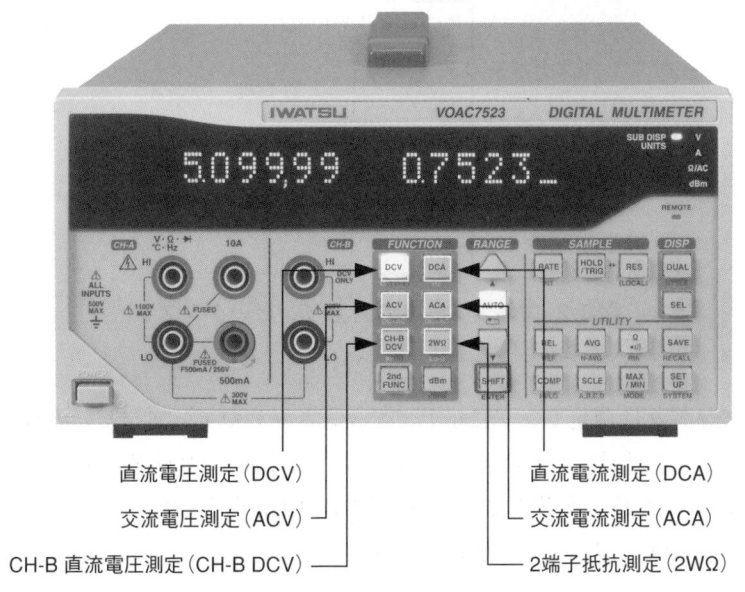

図3.1　測定ファンクション

3.2 測定レンジ（分解能・確度）

マルチメータの測定範囲は何段階かに区切られています。その区切りを測定レンジといいます。測定したい信号の大きさの範囲を、マルチメータの測定レンジがカバーしているか確認する必要があります。また、レンジ毎にマルチメータの諸性能が異なる場合があります。レンジ毎に違いのあるものとして、以下のものがあります。

- 入力インピーダンス

マルチメータの入力インピーダンスとは入力抵抗ともいい、マルチメータの外側からマルチメータの入力端子間をみたときに、何Ωの抵抗に見えるかということです（図3.2）。

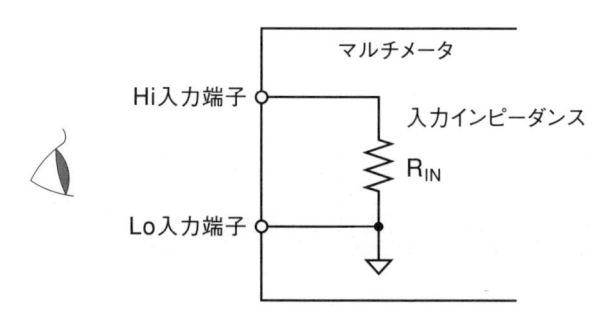

図3.2 マルチメータの入力インピーダンス

マルチメータは測定レンジに応じてアッテネータやアンプなどの内部回路を切り替えています。そのため、レンジによって入力インピーダンスが変化し、被測定回路の動作に影響を与えたり、被測定回路のインピーダンスとの関係で測定値の誤差が大きくなる場合があります。

• 分解能・確度

マルチメータの確度や分解能もレンジ毎に異なっているので、測定に使用するレンジの確度や分解能が必要な条件を満たしているか注意する必要があります。

• その他

入力保護の条件や、サンプリングレートなどもレンジ毎に異なる場合があります。

表3.1 直流電圧測定のレンジ毎の分解能、入力インピーダンス、確度の表示例

レンジ	分解能		入力インピーダンス	確度	
	5.5桁	4.5桁		SLOW/MID	FAST
50mV	0.1μV	1μV	100MΩ以上	0.025+10	0.025+15
500mV	1μV	10μV	1000MΩ以上	0.012+5	0.012+10
5V	10μV	100μV		0.012+2	0.012+7
50V	100μV	1mV	約10MΩ	0.016+5	0.016+10
500V	1mV	10mV		0.016+2	0.016+7
1000V	10mV	100mV			

3.3 表示桁数

表示桁数とは、マルチメータの表示器に表示される数値の桁数です。同じ測定レンジで比較した場合、表示桁数の多い方がより高分解能な測定ができます。たとえば、表示桁数が4桁と5桁のマルチメータの5Vレンジで比較すると、4桁機の最小分解能は0.0001Vであるのに対して、5桁機の最小分解能は0.00001Vとなり、5桁機の方が10倍分解能が高いということになります。

マルチメータの表示桁数表記の例を示します。

デジタル・マルチメータ
クラス最高の最大表示
0.1μV、509999、5 1/2桁
VOAC 7523 / VOAC 7522
1μV、509999、5 1/2桁
VOAC 7520 / VOAC 7521A

(a)

ハンディタイプ
ディジタル・マルチメータ
VOAC 87
最大表示9999、〈VOACシリーズ〉フル4桁

(b)

図3.3 マルチメータ表示桁数の表記例

図3.3(a)の例では、表示桁数は509999、5 1/2桁という表記になっています。5 1/2桁は5桁半や5.5桁と表記されている場合もあります。また、図3.3(b)では最大表示9999、フル4桁という表記になっています。

フル4桁というのは、最大表示時に4桁すべてに数字の9が並ぶことを意味します。

5 1/2桁または5桁半というのは、最大表示がフル5桁表示とフル6桁表示の間であることを示しています(表3.2)。しかし、間というだけでは具体的にどこまで表示できるのかわからないため、最大表示時のカウント数(フルスケールカウント数)をあわせて表記しています。フルスケールカウント数が異なる機種でも、フル5桁とフル6桁の間にある場合には5 1/2桁または5桁半と表記します。

表3.2 桁数の最大表示

	最小カウント		最大カウント
フル1桁	0	〜	9
フル2桁	00	〜	99
フル3桁	000	〜	999
フル4桁	0000	〜	9999
フル5桁	00000	〜	99999
	000000	〜	100000
5桁半	000000	〜	509999
	000000	〜	999998
フル6桁	000000	〜	999999

フルスケールカウント数がフル5桁とフル6桁の間にあれば、それらはすべて5桁半

3.4 測定確度

　確度とは簡単に言うと測定値の正確さのことです。何に対する正確さかというと、国など公的な機関で認められている標準器に対する正確さになります。
　マルチメータの場合の確度とは、測定値に対して実際の値の取りうる範囲のことで、% of readings+digitsで表記されます。

- **% of readings項**

マルチメータの読み値に対する誤差を表しており、入力の大きさに比例します。

- **digits項**

入力の大きさによらない一定値の誤差で、表示のディジット数で表されます。

　これらの確度はマルチメータの周囲温度が特定の範囲にある場合のもので、その温度範囲を超える場合には、超えた温度に比例する温度係数が確度に加算されます。

表3.3にマルチメータの確度の表記例を示します。

表3.3 マルチメータのDCVファンクションの確度表記の例

レンジ	確度※	
	SLOW/MID	FAST
50mV	0.025+5	0.025+15
500mV	0.012+5	0.012+10
5V	0.012+2	0.012+7
50V	0.016+5	0.016+10
500V	0.016+2	0.016+7
1000V		

※ 温度／湿度
23℃±5℃、80%RH以下

確　度
1年間の確度　±（% of reading＋digits）

温度係数
特記無き場合、0℃〜18℃、28℃〜50℃の範囲において、(23℃±5℃の確度×10%)／℃を加算

この例では、確度は周囲温度が23℃±5℃の範囲で、校正後1年以内に適用されることがわかります。校正後1年以上経過した場合には、再校正を行わない限りこの確度は保証されません。

確度の計算手順は以下のように行います。

① 測定値から23℃±5℃における確度を求める
② 周囲温度による温度係数を求める。
③ ①に②を加算する。

たとえば、周囲温度30度において、サンプリングレートをSLOWに設定し、直流電圧測定を5Vレンジを用いて行ったときの測定値が1.23456Vであった場合、確度は以下のようになります。

① 23℃±5℃における確度

表より、サンプリングレートがSLOWの場合の5Vレンジの確度は、0.012 % of readings+2digitsより、

- % of readings項：

$$1.23456 \times 0.012\% = 0.0001481472 \fallingdotseq 0.00015 \,[V]$$

- digits項：

  5桁半機の5Vレンジの最小分解能は、$10\mu V$なので、2digitsは$20\mu V$。従って、$0.00002\,[\mathrm{V}]$

以上より、
$$0.00015 + 0.00002 = 0.00017\,[\mathrm{V}]$$

が、23℃±5℃における確度になります。

② 周囲温度による温度係数

周囲温度が23℃±5℃の範囲外の場合、温度係数は（23℃±5℃の確度×10％）／℃なので、
1℃につき、$0.00017 \times 10\,[\%] = 0.000017\,[\mathrm{V}]$の温度係数が確度に加算されます。
周囲温度が30℃の場合、23℃±5℃からの温度係数は
$$30 - (23+5) = 2\,[℃]$$

なので、
$$0.000017 \times 2 = 0.000034\,[\mathrm{V}]$$

が、確度に加算されます。

③ ①と②の確度を加算する

以上より確度は、
$$0.00017 + 0.000034 = 0.000204 \fallingdotseq 0.00020\,[\mathrm{V}]$$

となります。従って、被測定値の範囲は、
$$1.23456 \pm 0.00020$$

となり、$1.23436\,[\mathrm{V}] \sim 1.23476\,[\mathrm{V}]$の間にあることになります。

3.5 交流測定

　最近のディジタルマルチメータには、低価格なハンディータイプでも交流測定機能を搭載しているものが多くなり、手軽に交流電圧・電流の測定が行えるようになりました。

　しかし、交流測定には測定可能な信号にはいくつかの制限があります。測定したい信号が制限範囲内かを確認する必要があります。制限には以下のようなものがあります。

3.5.1 測定方式

　交流測定ではAC-RMS変換の方式の違いから、真の実効値変換方式と平均値整流実行値校正方式の2種類の測定方法があります。

- **平均値整流実行値校正方式**

　平均値整流方式は回路が単純なため応答速度が速いという特徴があります。入力信号が正弦波の場合は測定結果は実効値を示します。しかし、正弦波以外の歪み波形の場合は大きな誤差が発生するため、実質、正弦波以外の歪み波形の測定を行うことはできません。

- **真の実効値変換方式**

　真の実効値変換方式は、入力信号の波形によらず常に実効値を測定することができます。正弦波以外の波形の測定を行う場合には、真の実効値変換方式のマルチメータを選択します。ただし、どのような波形にも対応できるわけではなく、クレストファクタの制限を受けます（**3.5.2項**参照）。

　また、回路が複雑なため、測定値が収束するまでに時間がかかります。交流測定の場合、通常応答時間は、入力0Vの状態から被測定信号を印加して最終的に測定値が収束する値の100カウント以内に入るまでの時間を示します。

表3.4に交流測定の応答時間の例を示します。

表3.4　交流測定の応答時間の表記例

サンプルレート	分解能	測定回数	応答時間
SLOW	5.5桁	4回／秒	3秒以下
MID/FAST	5.5桁	20回／秒	2秒以下

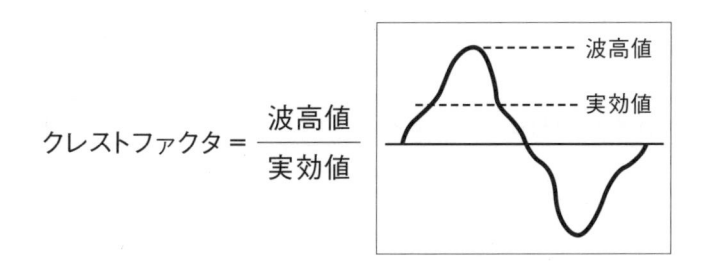

3.5.2　クレストファクタ

クレストファクタは波形の波高値（ピーク値）と実効値の比で表されます。波高率と呼ばれる場合もあります。また略してCFと表記する場合もあります。通常、マルチメータのCFは1～3程度です。

$$クレストファクタ = \frac{波高値}{実効値}$$

図3.4　クレストファクタ

直流電圧は波高値＝実効値なのでCF=1、方形波もCF=1です。正弦波はCF=$\sqrt{2}$ =1.4142...、三角波はCF=$\sqrt{3}$ =1.732...、デューティー10％のパルス波はCF=$1/\sqrt{0.1}$ =3.16...となります。

表3.5に代表的な波形クレストファクタの関係を示します。

表3.5 波形と波高値、実効値、クレストファクタの関係

入力波形	波高値 P	実効値 Vrms	平均値 Vavg	クレストファクタ P/Vrms	波形率 Vrms/Vavg
正弦波：	1.414	1.000	0.900	1.414	1.111
方形波：	1.000	1.000	1.000	1.000	1.000
三角波：	1.732	1.000	0.866	1.732	1.155
パルス： $D=\frac{T_1}{T_2}$	2.000	$2\sqrt{D}$	$2 \cdot D$	$\frac{1}{\sqrt{D}}$	$\frac{1}{\sqrt{D}}$

　また、クレストファクタにより確度が変化するため、クレストファクタの値に応じた係数が確度に加算されます。

表3.6 クレストファクタと確度係数の表記例

正弦波以外の入力に対する係数

周波数	クレストファクタ		
	1〜1.5	1.5〜2	2〜3
15Hz〜30kHz	0.05%	0.15%	0.30%
30kHz〜300kHz	0.20%	—	—

3.5.3　最小入力電圧

　マルチメータの交流電圧測定では、測定リードをショートしても測定値が0Vにはなりません。マルチメータ内部にはCPUなどのデジタル回路を動かすためのクロックや、蛍光表示管のインバータ回路などからのノイズが存在し、それらのノイズが交流測定回路に飛び込み測定されてしまうからです。
　また、マルチメータ外部では電子機器や蛍光灯が発する電磁波がノイズとなります。

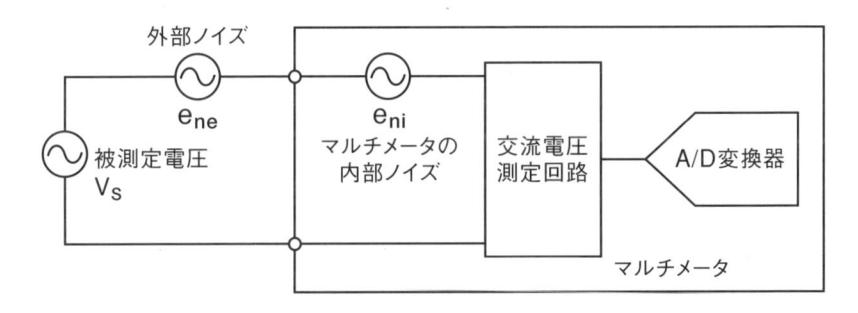

図3.5 マルチメータの内部ノイズと外部ノイズ

　これらのノイズを含めた測定値は、被測定電圧とノイズ電圧の単純な加算値になるわけではなく、それぞれの電圧の2乗の和の平方根となります。
　測定結果をV_Xとすると、

$$V_X = \sqrt{V_S^2 + e_{ne}^2 + e_{ni}^2} \ [\text{Vrms}]$$

　外部ノイズや内部ノイズは入力電圧の大きさとは関係なく一定です。従って、入力電圧がノイズ電圧に比べて大きければノイズ電圧を無視できます。このため、マルチメータの交流測定ではノイズ電圧を無視できるようになる最小の入力電圧を規定しています。通常、『レンジの5%以上の入力』といった表記となっています。また、確度も最小入力電圧以上を入力した場合で規定されています。
　表3.7に交流電圧測定の確度の表記例を示します。

表3.7 交流電圧測定の確度の表記例

確度：SLOWサンプル

周波数	確度※
15Hz〜45Hz	0.5＋150
45Hz〜100Hz	0.25＋150
100HZ〜30kHz	0.2＋150
30kHz〜100kHz	0.5＋300
100kHz〜300kHz	2.5＋1000

※ レンジの5%〜100%における正弦波に対して

3.5.4 周波数範囲

　交流電圧・電流の測定機能を持つマルチメータの場合、測定可能な入力信号の周波数範囲が決まっています（表3.8）。周波数範囲はレンジやサンプリングレートにより異なります。また、電圧測定と、電流測定でも周波数範囲が異なっているので注意が必要です。普通、交流電圧の入力可能な周波数範囲は15Hzから300kHz程度です。

表3.8 交流電圧測定の周波数範囲の表記例

レンジ	測定範囲	
	SLOW	MID/FAST
500mV	15Hz〜300kHz	200Hz〜300kHz
5V		
50V		
500V	45Hz〜100kHz	200Hz〜100kHz
750V	45Hz〜20kHz	200Hz〜20kHz

交流電流の測定可能な周波数範囲は、15Hzから5kHzほどです。

表3.9 交流電流測定の周波数範囲の表記例

レンジ	測定範囲	
	SLOW／MID	FAST
5mA	15Hz〜5kHz	200Hz〜5kHz
50mA		
500mA	45Hz〜5kHz	
10A		

3.6 サンプリングレート

　サンプリングレートとは、1秒間の測定回数です。
積分型のA/D変換器を搭載するマルチメータでは、積分時間が長いほど測定分解能が高くなります。そのため、高分解能で測定を行いたい場合には、サンプリングレートが下がります。逆に高速サンプリングを行うためには分解能が下がることに注意が必要です。

　また、AC電源のハムノイズ除去効果を得るために入力信号の積分時間を商用電源の周期の整数倍に設定されています。西日本では商用電源の周波数は60Hzですので、16.6666...ms、東日本では50Hzですので、1/50=20[ms]の整数倍に設定されます。しかし、高速サンプリング時には、積分時間を短くする必要があるために、電源周期の整数倍よりも短い時間に設定されます。従って、AC電源のハムノイズ除去効果が無いために、ノーマルモードノイズの影響を受けて測定値のばらつきが増加するので、注意が必要です。

表3.10 サンプリングレートとノイズ除去比の表記例

分解能	サンプリングレート	NMRR	CMRR
5.5桁	SLOW　4回/s	55dB以上	120dB以上
5.5桁	MID　20回/s	55dB以上	120dB以上
4.5桁	FAST　100回/s	0dB	55dB以上

FASTサンプルではA/D変換器のハムノイズ除去効果が得られないため、ノーマルモードノイズ除去比NMRRが0dBとなっていることが分かります。

3.7　応答時間（セットリング時間）

応答時間とは、ファンクション変更やレンジ変更してから、正しい測定値が得られるまでの待ち時間のことです。交流電圧・電流の測定や、抵抗測定の高抵抗レンジでは、回路の時定数のために測定値が安定するまでに時間がかかります（図3.6）。

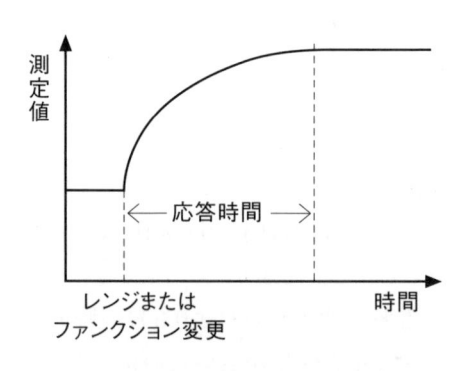

図3.6　応答時間のイメージ

生産ラインなどでこれらのファンクションの切り替えや、レンジの切り替えを頻繁に行う場合には、注意が必要です。応答時間待ちのために多くのタクトタイムがかかり生産性が落ちてしまうためです。

マルチメータは、ファンクションやレンジを切り替えてから1サンプル目の測定値の確度を保証するために、応答時間が経過するまで測定値を返さないようになっています。この場合は、1サンプル目の測定値から確度が保証されるため、良否判定などに使用しても問題ありません。

しかし、ファンクションやレンジの切り替え時の応答時間を待たないものや、応答時間の設定が十分でないマルチメータでは、最初の数サンプルの間の測定値は確度に入っていない場合があり、そのまま良否判定に使用すると、不良品を良品と判定してしまうなどの不具合が起こりえるため、注意が必要です。このようなマルチメータを使用する場合には、最初の数サンプル分をユーザ側で意図的に読み飛ばすなどの工夫が必要です。

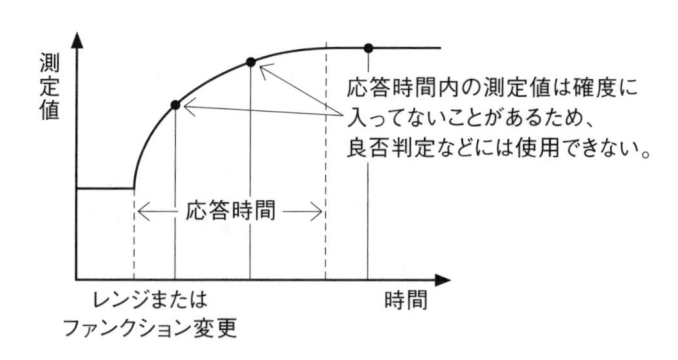

図3.7 応答時間内のサンプルは良否判定に使用しない

ファンクションやレンジを固定して、測定対象のみを切り替えていく場合には、マルチメータ側で測定値が安定するまでの待ち時間を取ることができません。そのため、ユーザ側で応答時間を待たなければいけません。

3.8 データ処理機能

ディジタルマルチメータは測定データをディジタルデータとして扱えるため、CPUによるいろいろなデータ処理機能を持っています。

- **メモリー機能**

メモリー機能は測定データをマルチメータの内蔵メモリーに記録し、後から読み出せる機能です。高速なサンプリングレートで使用すると、電源回路の出力電圧の立ち上がりなど、比較的遅い過渡現象をメモリーに記録しておき、後からリモート機能でPCに呼び出して処理すれば、ディジタルオシロスコープのように変化をとらえることができます。一般的なディジタルオシロスコープの分解能は8ビット程度ですが、4桁半のマルチメータを使用すれば、16ビット程度の分解能で測定することが可能です。ただし、ナイキスト周波数は、サンプリングレートの1/2になりますので、それよりも早い変化をとらえることはできません。また、交流電圧・電流測定や抵抗測定などは応答速度が遅いため、応答速度よりも早い変化をとらえることはできません。

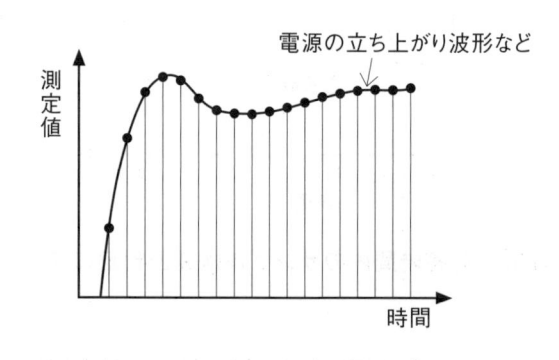

図3.8 メモリー機能

- **インターバル測定**

　インターバル測定機能は、1サンプルと1サンプルの間に適当なインターバル、つまり時間間隔を挿入する機能です。メモリー機能と共に使用すれば、ロガーのように長期間の測定と測定データの記録をマルチメータ本体だけで行うことができます。つまりGPIBなどのリモート通信機能を使用してPCなど外部記憶装置にデータを記録する必要がないということです。

- **統計演算機能**

　統計演算機能とは、測定データの最大値(MAX)・最小値(MIN)・平均値(AVG)・分散(σ)を求める機能です。測定データが時間と共に変化する場合、最大値や最小値を求めることができます。また、測定信号にノイズが乗っていたりして測定値がばらつく場合、平均処理をすることによりノイズ成分を除去して、安定した測定値を読むことができるようになります。

- **コンパレート演算機能**

　コンパレート演算機能とは、あらかじめ設定したしきい値と測定値を比較し、測定値がしきい値より大きいか、小さいかを求める機能です。製品の良否判定(Go/NoGo判定)などに使用することができます。コンパレート演算結果は、インターフェイスを通して外部に出力できるようになっており、生産ラインではランプを点灯させることでミス防止などに利用することができます。

- **REL(NULL)演算機能**

　REL(NULL)演算機能とは、設定した基準値と測定値の差分演算を行う機能です。代表的な使用方法としては、抵抗測定時のゼロ調整があります。抵抗の測定を行う前にテストリードの先端をショートさせ、その時の抵抗値を基準値に設定し、その後REL演算機能を使用することでテストリードの抵抗分を除去することができます。また、ある時点の測定値からの変化分のみを観察する用途にも使用できます。

- **dB演算機能**

　dB演算機能は、測定値をdB表現に変換する機能です。測定値dBμやdBmで表示する場合に使用します。

- **スケーリング演算機能**

　スケーリング演算機能は、測定値を $y = ax+b$ の一次変換や $y = \dfrac{a}{x}$ の演算を行う機能です。a、b、はあらかじめ設定した定数です。xに測定値が代入され演算結果が表示されます。

3.9 リモートインターフェイス

　リモートインターフェイスは、ディジタルマルチメータを外部機器（PCなど）から制御したり、測定結果を外部に出力するために使用されます。マルチメータを使用した生産設備の構築や、リモート計測を行う場合など、用途に合わせてインターフェイスを選択する必要があります。

- **RS-232**

　RS-232はコンピュータのシリアルインターフェイスとして古くから存在し、多くのデスクトップPCに標準的に搭載されています。特別なインターフェイスボードをPC側に用意する必要がないため、安価に自動計測システムを構築できる利点があります。最近ではハンディータイプのマルチメータでもPCとRS-232を使用して接続できるものもあります。

図3.9 PCのD-SUB9ピンRSインターフェイス

　ハンディータイプのマルチメータの場合、マルチメータ側は専用のアダプターになっています。マルチメータ本体とPC間の絶縁を確保するために、アダプター部分はフォトカプラを使用して光による通信を行うようになっています。

図3.10 ハンディマルチメータ用専用アダプタ

　ベンチタイプマルチメータの場合、市販のシリアル・クロスケーブル（またはシリアル・リバースケーブル）を使用します。
　図3.11にシリアルクロスケーブルの一例を示します。シリアルクロスケーブルには、使用目的に応じて複数の結線が存在します。また、使用する機器により使用する信号としない信号があるため、マニュアルで確認する必要があります。

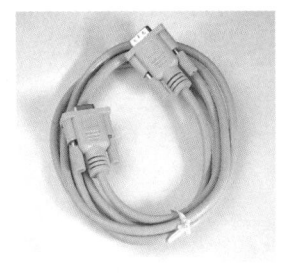

ピン番号	信号名称		信号名称	ピン番号
1	DCD		DCD	1
2	RXD		RXD	2
3	TXD		TXD	3
4	DTR		DTR	4
5	GND		GND	5
6	DSR		DSR	6
7	RTS		RTS	7
8	CTS		CTS	8
9	RI		RI	9

図3.11 クロスケーブル（左）とケーブルの結線例（右）

簡単なリモート制御を行うだけなら特別なソフトを用意する必要は無く、ターミナル通信ソフトを使用するだけで、リモートコマンドやクエリーの送受信を行うことができます。

最近のノートPCは小型化のためにシリアルインターフェイス用のコネクタが無いものがあります。その代わりに、USBポートを標準的に搭載するものが増えています。そのようなノートPCでもマルチメータのRS-232インターフェイスを使用してリモート制御を行えるようにするために、USBポートをRS-232ポートに変換するアダプタをオプションとして使用できるようになっています。

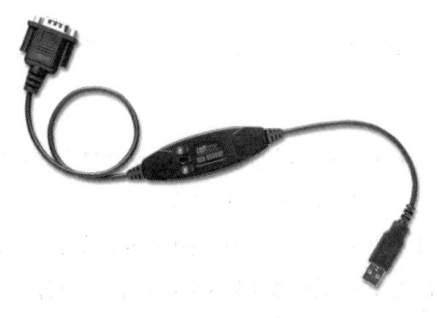

図3.12 RS-USBコンバータ（岩通計測 SC-525）

マルチメータ用オプションのRS-USBコンバータと市販品の違いは、マルチメータ側のRS-232インターフェイスに直接接続できるように、コネクタ部がメスコネクタになっており、また配線もクロスケーブルになっています。

市販品はコネクタ部はオスコネクタで、配線はストレートになっているため、直接マルチメータと接続できません。市販品と接続するには、ストレート・クロス変換アダプタやオス・メス変換アダプタが別途必要になります。

• GPIB

GPIBとは、General Purpose Interface Busの略です。HP社（現在のアジレント・テクノロジー社）が開発したことから、HPIBと呼ばれることもあります。IEEE488により電気的仕様やケーブル、コネクタなどの機械的仕様が規定されています。GPIBはその名前の通り汎用の通信インターフェイスですが、計測器同士や計測器とPCを接続するためのインターフェイスとして多くの計測器が搭載できるようになっています。

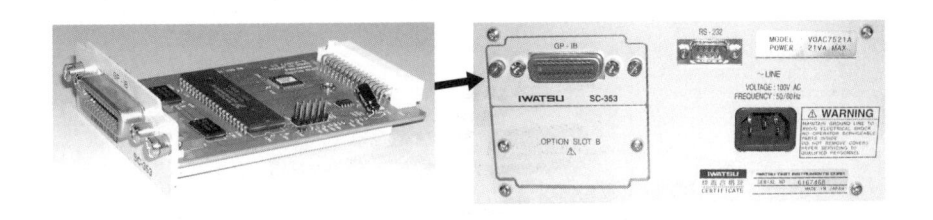

図3.13 VOAC7523のGPIBオプションと装着状態

GPIBを使用するためには、GPIBインターフェイスを搭載したPCが必要です。一般にGPIBインターフェイスを搭載したPCは市販されてないため、PCの拡張スロットに装着することのできるGPIBボードを別途購入する必要があります。

図3.14 PCIバス用GPIB拡張ボード（NI社製）

　GPIBボードを使用してリモート制御用ソフトウェアを作成するには、GPIBボードのメーカーが提供するライブラリを使用する必要があります。ライブラリにはメーカー間の互換性がありません。そのため、生産設備などでまったく同じシステムを複数構築するような場合には、同じメーカーのボードを使うようにします。
　PCとマルチメータを接続するケーブルは、GPIB専用のケーブルを使用します。

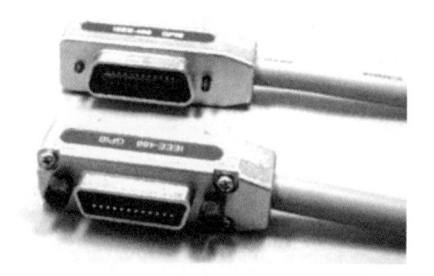

図3.15 GPIBケーブル

　GPIBケーブルのコネクタ部分は、オスジャックの反対側がメスプラグという一体構造となっています。このようなコネクタをピギー・バック(Piggy Back)と呼び、コネクタの上に別のコネクタを重ねて接続することができます。

GPIBでは最大15台の機器を接続することができます。ピギー・バックですので、数珠繋ぎにすることもできますし、星型に接続することもできます。数珠繋ぎと星形を組み合わせることもできます。ただし、リング状に接続することはできません。機器間を結ぶケーブルの長さは2m以下である必要があります。また、すべてのGPIBケーブル長の合計は20m以下にしなければいけません。したがって、20m以上離れた場所の計測器を制御するようなシステムは構築することは難しくなります。

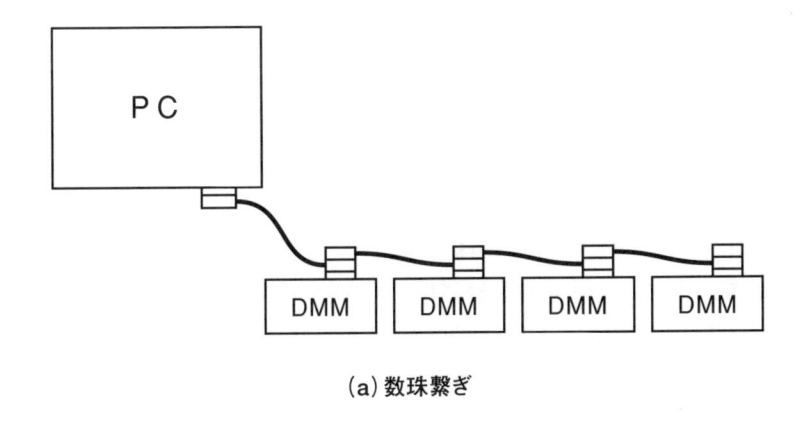

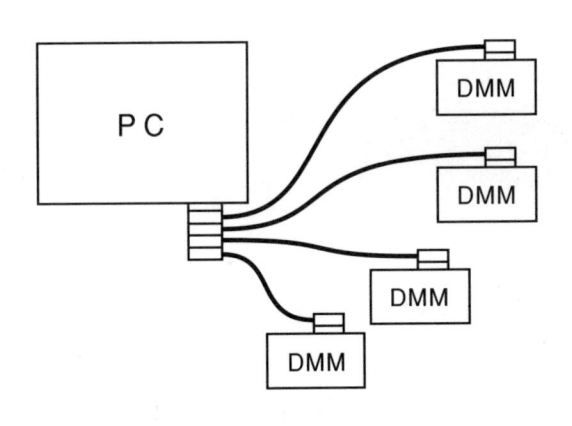

(a) 数珠繋ぎ

(b) 星型接続

(c)リング状接続＜これは不可＞

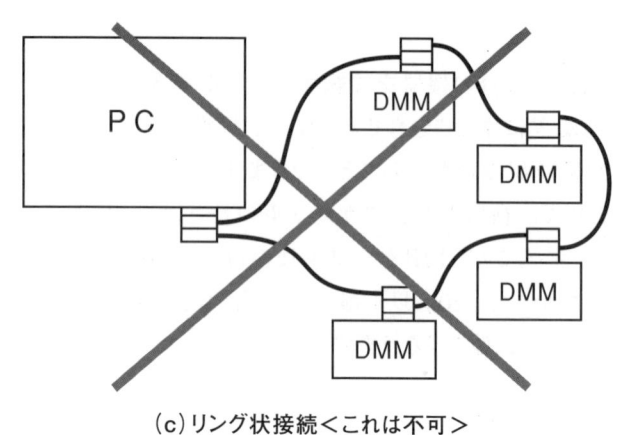

図3.16 GPIBの接続

• LAN

LANとはLocal Area Networkの略です。企業や学校、工場などで広く使用されています。通信可能な機器間の距離や接続可能な機器の台数などの制限がGPIBやRS-232と比べて少なく、また高速にデータのやりとりを行うことができます。さらに、すでに構築されたネットワークを利用することができるため、マルチメータにもLANインターフェイスを搭載可能になっています。

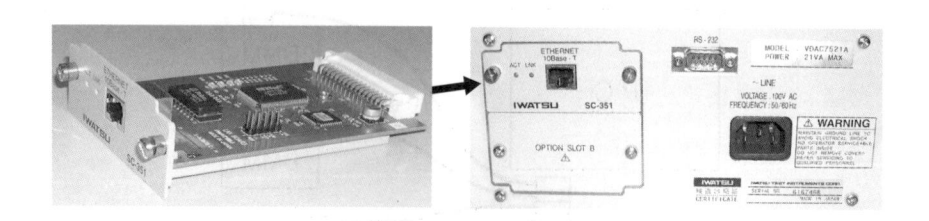

図3.17 VOAC7523用LANインターフェースオプションSC-351と装着状態

以前はいろいろな方式のLANが使用されていましたが、現在では10Base-Tや100Base-TXと呼ばれるツイストペアケーブルを使用して接続する

Ethernetで構築されたLANが一般的となっています。

　インターネットが普及し、企業でもPC同士やネットワークプリンタを接続してファイルやプリンタの共有を行うのが普通になってきたため、PCにも標準的にEthernetのポートが搭載されています。

図3.18　PC用Ethernetポート

　搭載されていない場合でも、PCの拡張スロットに装着することのできるLANボードやノートPC用のPCMCIAのLANカードが市販されています。また、USBポートに装着することのできるUSB-LAN変換器を使用することもできます。

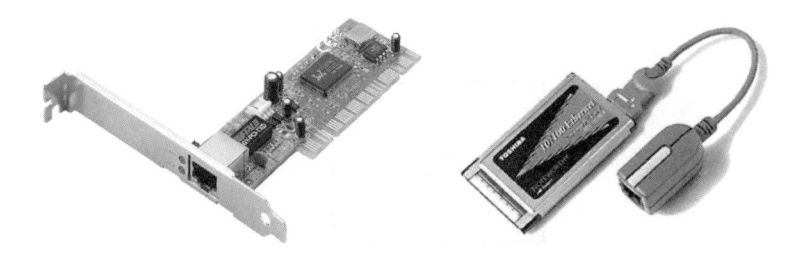

図3.19　PCIバス用LAN拡張ボード（左）とノートPC用LANカード（右）

図3.20　USB-LAN変換器（バッファロー社製）

10Base-Tや100Base-TXのLANに機器を接続する場合、一般的にハブを介して接続します。ハブと機器の間はストレートケーブルを使用します。ハブを多段接続（カスケード接続）することにより、接続可能な機器を増やすことができます。

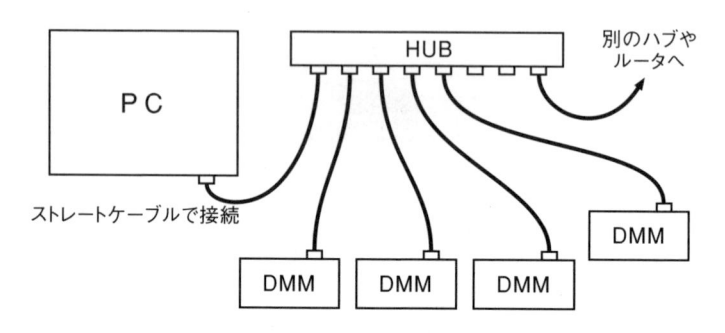

図3.21　ハブを介して機器を接続する

　また、PCとマルチメータを直接接続することもできます。その場合にはクロスケーブルを使用します。

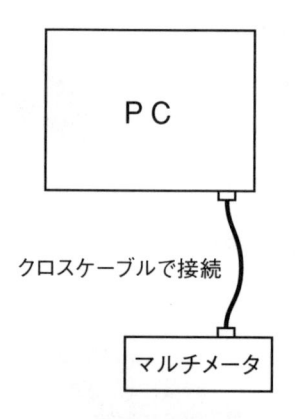

図3.22　クロスケーブルで直接接続する

LANを使用すればLANで通信を行える範囲であれば距離に関係なく、接続された測定器をPCで制御することができます。また、LANがインターネット（LANに対してWAN：Wide Area Networkともいいます）に接続されていれば、県や国を超えた場所にある測定器を制御することもできます。

　また、LANは機器をIPアドレスにより識別するため、GPIBと比べて通信可能な機器の台数を大きく増やすことが可能です。

3.10　外部入出力インターフェイス

● DIO

　DIOはDigital Input Outputの略です。DIOはコンパレート演算の比較結果をDIO出力端子のHi、Go、Lo端子に出力します。出力端子は通常オープンコレクタ出力となっており、ユーザの外部回路と接続できるようになっています。また、TRIG入力端子を使用して外部信号でマルチメータにトリガをかけることができます。

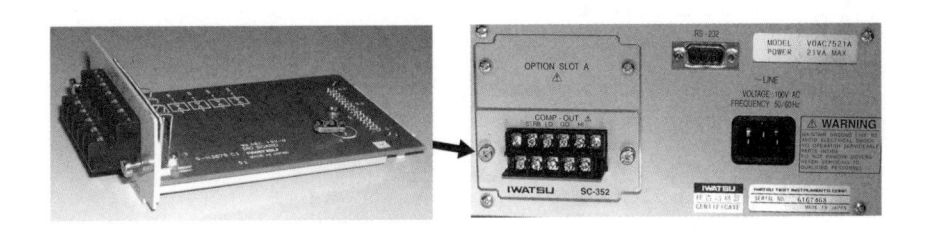

図3.23　VOAC7523用DIOオプションSC-352（左）と装着状態（右）

実験設備などであらかじめコンパレート演算で設定したしきい値を超えるような異常な測定値を検出したときにランプやブザーで警告するなどの用途に使用できます。生産設備などでは、TRIG入力端子を利用してフットペダル操作でマルチメータにトリガをかけて測定し、製品の良否判定結果をランプで表示することにより、生産効率の向上と不良品を見逃す事故を防ぐことができます。

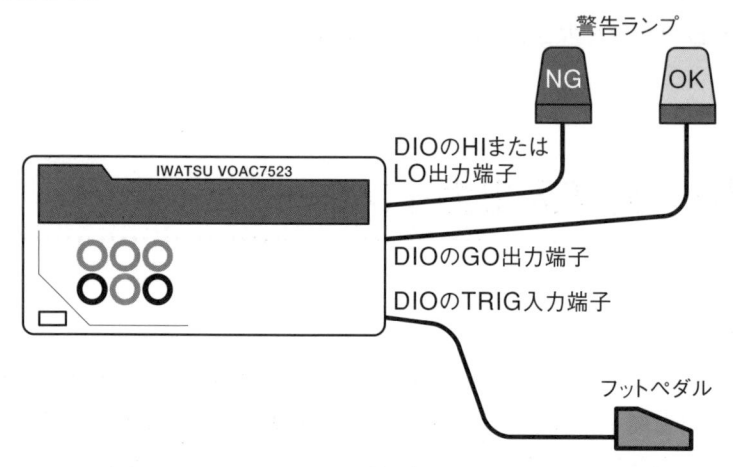

図3.24　DIOを使用したGO/NoGO判定回路

　オープンコレクタ出力とは、トランジスタのコレクタ電極がそのまま出力端子となっていることを言います。

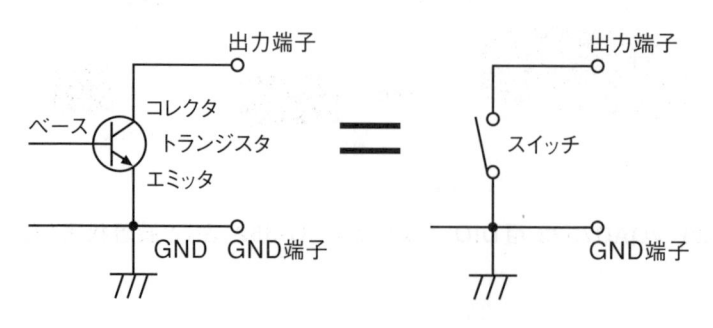

図3.25　オープンコレクタ出力

トランジスタのON/OFFの状態はそのままスイッチのON/OFFの状態に相当します。スイッチがONの場合は、出力端子はほぼGNDと同じ電位になります。スイッチがOFFの場合は、ハイインピーダンスとなり電位は確定しません。スイッチがOFFの時の電位を確定するには、外部に電源を用意して出力端子と外部電源を抵抗で接続します。この抵抗は、出力端子を外付け電源の電圧に引っ張り上げる働きをすることから、プルアップ抵抗と呼ばれます。

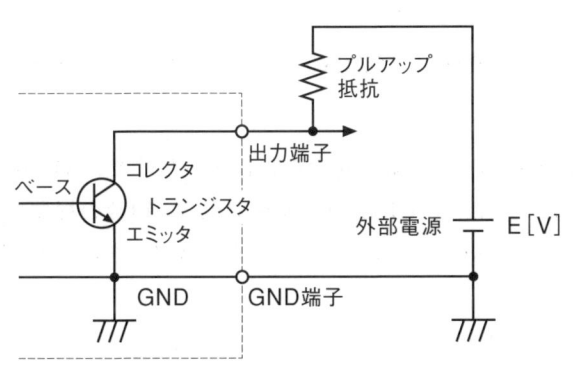

図3.26 オープンコレクタ出力とプルアップ抵抗

オープンコレクタ方式のメリットは、スイッチがOFFの時の出力端子の電位は外部電源の電圧になるため、出力電圧をユーザが自由に選択できる点です。ただし、トランジスタの定格電圧や電流、コレクタ損失の制限があるため、抵抗の選択にはDIOの出力端子の仕様を確認する必要があります。大きな負荷を駆動する必要がある場合には、プルアップ抵抗の代わりにリレーなど使用する方法があります。

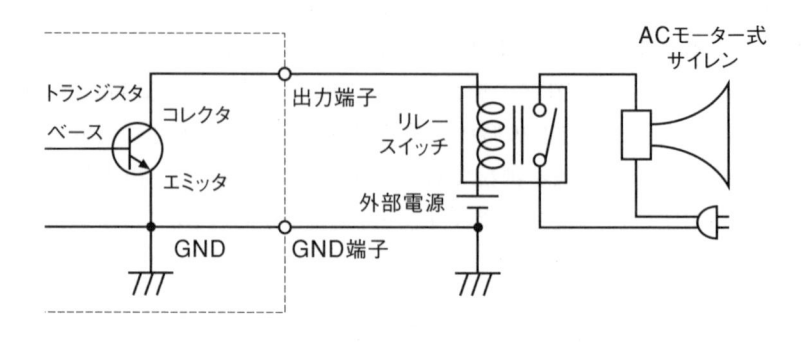

図 3.27　リレーを使用して AC100V でモータ式サイレンを駆動する例

　また、複数の機器の出力端子同士を接続するだけで、Wired OR 出力を得ることができます。Wired OR 出力を使用すれば、複数の機器で測定を行い、そのうちの 1 つでも NG の場合はランプを点灯させるというような使い方をすることができます。

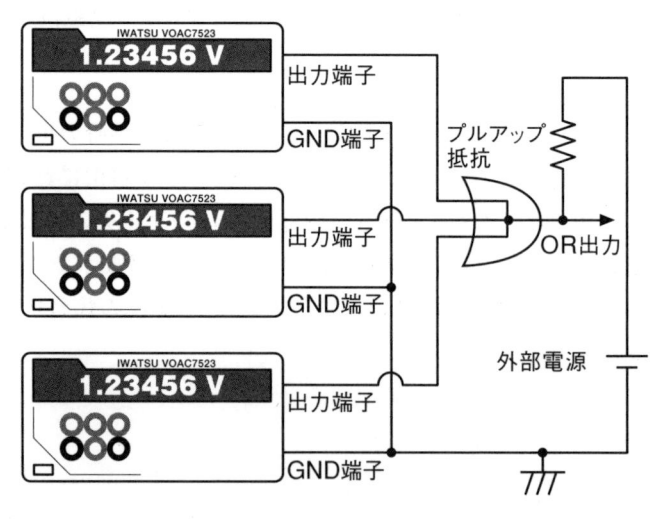

図 3.28　OR 結線

● DA 変換出力機能

　DA 変換出力機能は、測定値をアナログ信号として出力します。シーケンサを使用した生産設備などで、シーケンサにアナログ信号を入力する必要がある場合に使用することができます。また、マルチメータの測定値をプロッターやロガーで記録する場合にも使用することができます。

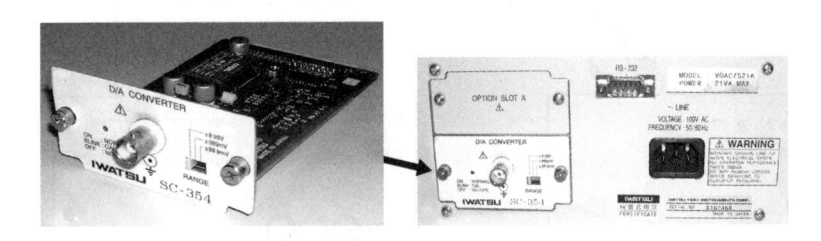

図 3.29　VOAC7523 用 D/A 出力オプション SC-354（左）と装着状態（右）

　ディジタルオシロスコープと組み合わせれば、ディジタルオシロスコープの分解能では測定できない信号の変化を波形として観測することができます。図 3.30 は、被測定回路の出力電圧と温度の関係を調べるための例です。ディジタルオシロスコープでは温度を直接測定できません。そこでマルチメータで温度を測定し、測定値を D/A 出力してオシロスコープに入力しています。被測定回路の出力電圧を同時に波形描画させると、温度変化と出力電圧の関係がよく分かります。

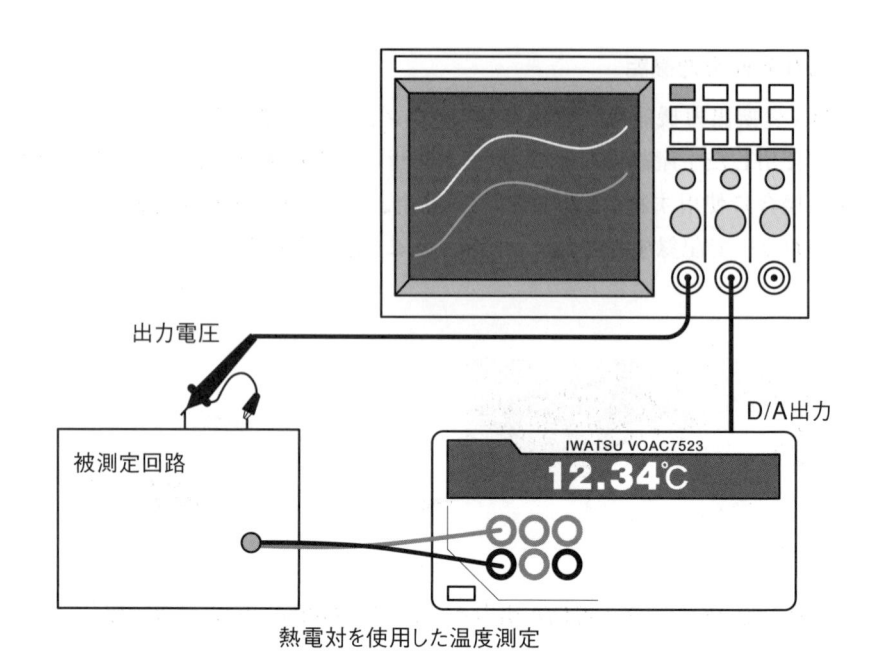

図 3.30 DA とディジタルオシロスコープを使用した測定例

3.11 最大許容電圧

　マルチメータのすべての入力端子には印加することのできる最大許容電圧が定められています。マルチメータは Lo 端子を基準に測定を行うため、最大許容電圧は Lo 端子を基準に規定されています。この値を超える電圧を印加した場合には、マルチメータは破損してしまいます。そのため、ユーザに注意を促すために正面パネルには各入力端子と Lo 間の最大許容電圧が表示されています。

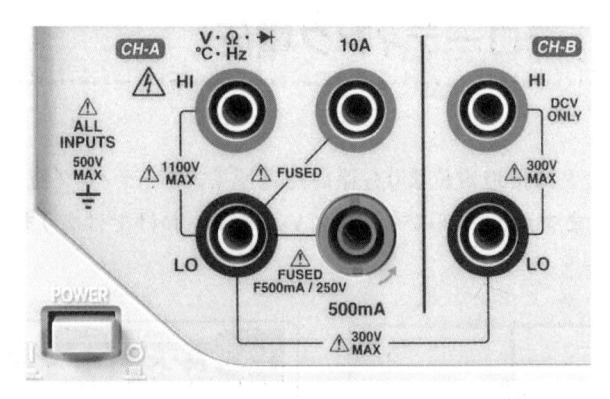

図3.31 マルチメータ正面パネルの表示例

　また、最大許容電圧には印加しても良い時間に制限があり、時間はファンクションやレンジにより異なります。パネルには表記されないため、取り扱い説明書で確認する必要があります。

表3.11 最大許容電圧の表記例

ファンクション	最大許容電圧
直流電圧測定	50mV〜5Vレンジ　±800V連続 50V〜1000Vレンジ　±1100V連続
交流電圧測定	780Vrms　±1100VDC（連続）
抵抗測定	±500Vpeak

117

3.12 フローティング電圧

マルチメータは接地電位よりも浮いた電圧（フローティング電圧）を測定することができますが、いくらでも浮いていてもよいわけではありません。

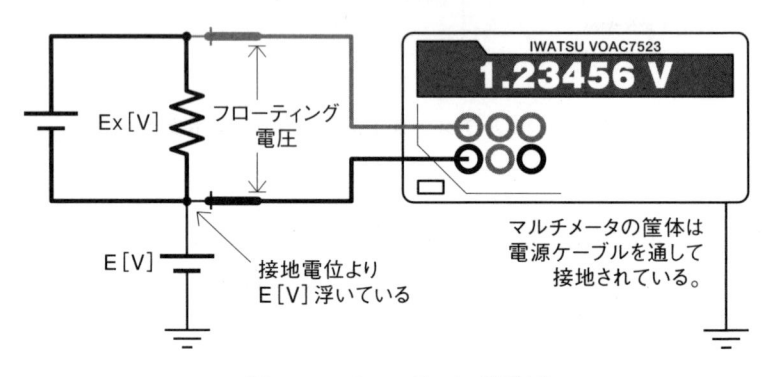

図 3.32　フローティング電圧

図 3.32 の例では、被測定電圧 $Ex[V]$ は接地電位より $E[V]$ 浮いたフローティング電圧になります。

図 3.33 に示すように、ディジタル部の基準電位やマルチメータの筐体は、3 線式ケーブルを通して接地されています。一方、アナログ部の基準電位となる COM 端子の電圧は、接地電位より $E[V]$ 浮いた電圧となっています。

つまり、ディジタル部とアナログ部の間には $E[V]$ の電位差がかかることになるため、ディジタル部とアナログ部は電気的に絶縁されています。

この絶縁は、プリント基板上のディジタル部とアナログ部の回路の配置を工夫して物理的に距離を離したり、電源トランスの絶縁耐圧により確保しています。

しかし、プリント基板の回路間の距離を無限に広げることはできませんし、電源トランスもその構造上、コイルやコアの距離を離すことは難しいため、ある一定の電位差を越えてしまうと絶縁が保てなくなります。絶縁が破壊され

ると COM 端子にかかる電圧 E[V] と接地電位がマルチメータ内部で短絡することになり、マルチメータや測定対象を破損するだけでなく、危険です。

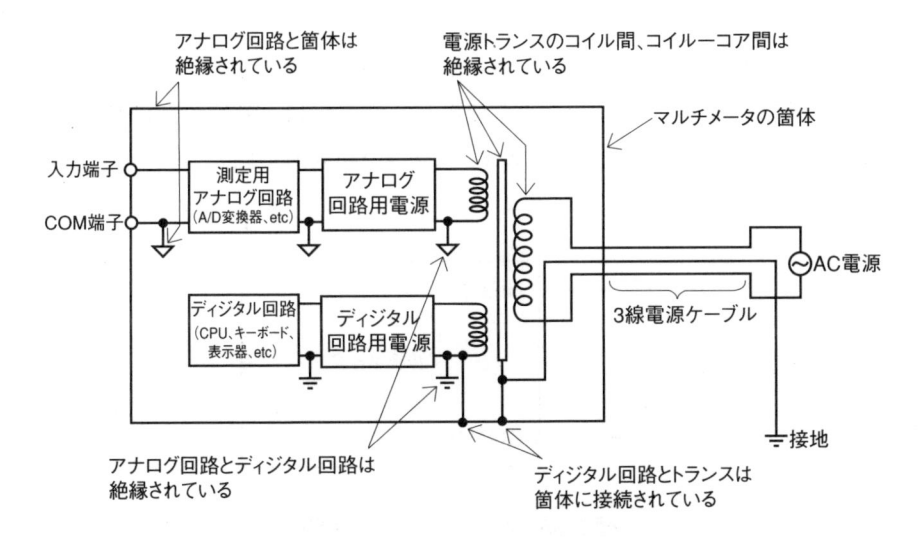

図 3.33　マルチメータの電源と AC 電源

そのため、ユーザに注意を促すためにマルチメータの正面パネルには各入力端子が接地から何 V までなら浮いていてもよいかが表示されています。図 3.34 の例ではすべての入力端子は、接地より 500V 以上浮いた電位を入力できないことを意味しています。

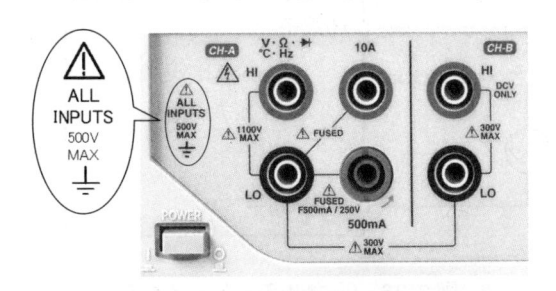

図 3.34　フローティング可能な電圧を示す表記例

3.13 NMRR

　NMRRとはNormal Mode Rejection Ratioの略です。ノーマルモード除去比と呼ばれます。マルチメータを使用した測定では、Hi端子とCOM端子の間に測定したい信号を入力します。このような入力形態をノーマルモードとよびます。

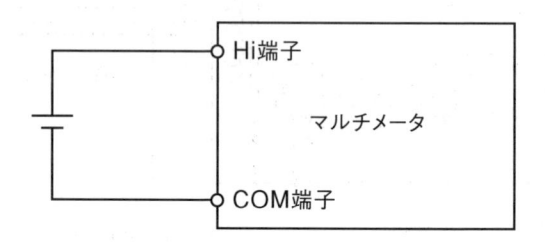

図3.35　ノーマルモード接続

　マルチメータの入力端子に測定したい信号のみが入力されれば理想的なのですが、実際には周囲のノイズが混入します。ノイズの混入の仕方がノーマルモードの場合、そのようなノイズをノーマルモード・ノイズ（Normal Mode Noise）と呼びます。

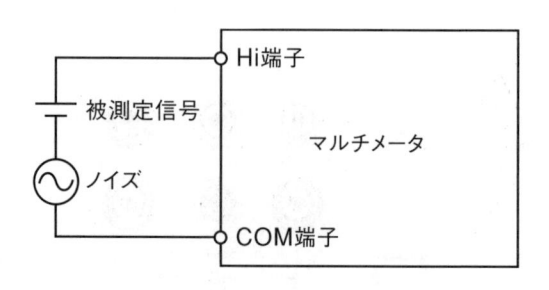

図3.36　ノーマルモード・ノイズ

商用電源の誘導により生じるノーマルモード・ノイズをハムノイズと呼びます。NMRRはこのハムノイズの影響をどれほど除去できるかを示したもので、次式で表されます。

$$NMRR = 20 \log \frac{e_n}{\Delta e_n} \ [\mathrm{dB}]$$

ここで、e_n はノイズ電圧、Δe_n はノイズによる測定誤差を示します。NMRRの値が大きいほど除去効果が大きく、ハムノイズの影響を受けにくいことを示します。

積分型A/D変換器を搭載するマルチメータの場合、積分器の積分時間は商用電源の周期の整数倍と等しくなるように設定されています。これは、ハムノイズを1周期にわたって積分すると、波形の＋側と－側が打ち消しあってゼロになるため、ハムノイズの影響を除去できるためです。

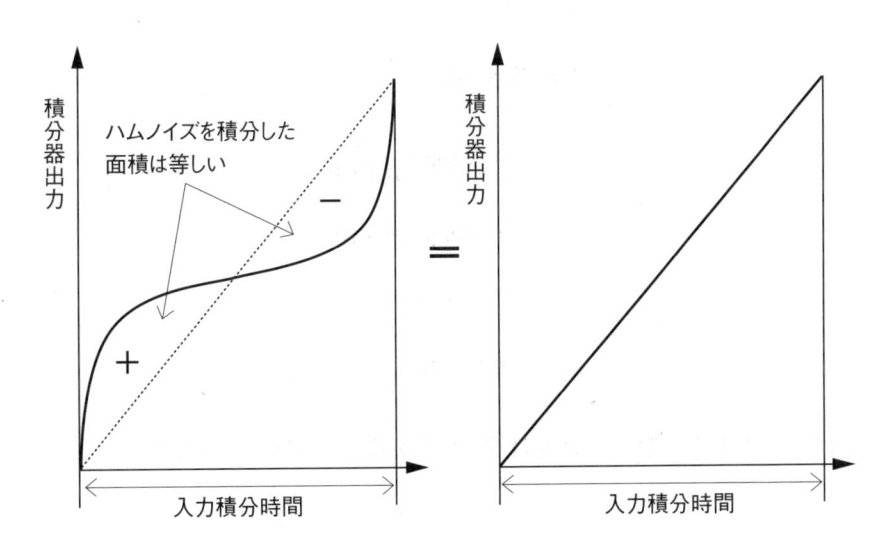

図3.37 ハムノイズの除去

NMRRの確認は以下のようにすれば行えます。

i) マルチメータの測定ファンクションを直流電圧測定に、レンジを5Vレンジ（スルーレンジ）に設定します。
ii) 入力端子にハムノイズ e_n の代わりに商用電源周期と同じ周波数の正弦波を入力します。西日本では60Hz、東日本では50Hzです。振幅は10Vppとします。つまり e_n=10[Vpp]です。
iii) 測定値のばらつきの大きさを求めます。この値が Δe_n となります。
NMRRが理想的であれば、測定値は0.00000Vを指したまま微動だにしないはずですが、実際には0.00000Vを中心にばらつきます。このばらつき幅の最大値を測定します。
iv) NMRRの式に e_n、Δe_n をそれぞれ代入します。
仮にばらつきが Δe_n=0.01000[Vpp]だったとすると、NMRRの式に代入して、

$$NMRR = 20 \log \frac{e_n}{\Delta e_n}$$

$$= 20 \log \left[\frac{10}{0.01000} \right]$$

$$= 20 \log (10 \times 10^2)$$

$$= 20 \times 3$$

$$= 60 \, [\text{dB}]$$

となり、マルチメータのNMRRは60dBであることが確認できます。

3.14 CMRR

　CMRRとはCommon Mode Rejection Ratioの略です。コモンモード除去比と呼ばれます。マルチメータのHi端子とCOM端子の両方に共通に印加されるような入力形態をコモンモードと呼びます。

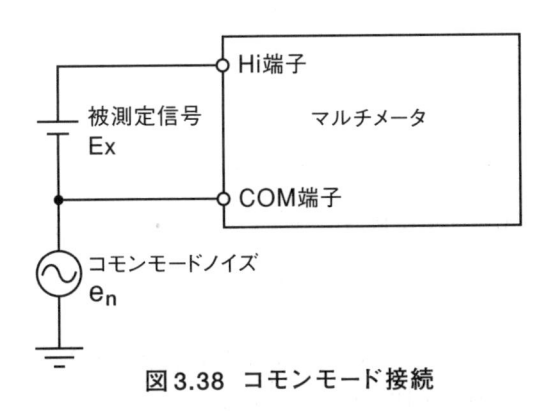

図3.38　コモンモード接続

　ノイズの混入の仕方がコモンモードである場合、そのようなノイズをコモンモードノイズ(Common Mode Noise)と呼びます。マルチメータの周囲で発生するノイズは2本のテストリードに共通して入力されるため、ほとんどがコモンモードノイズと考えられます。

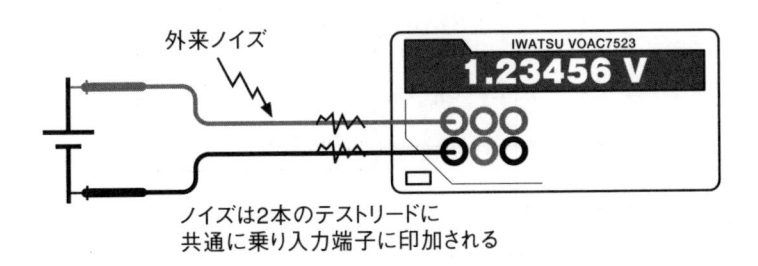

図3.39　コモンモードノイズ

CMRRはこのコモンモードノイズの影響をどれほど除去できるかを示したもので、次式で表されます。

$$CMRR = 20 \log \frac{e_n}{\Delta e_n} \ [\text{dB}]$$

ここで、e_nはノイズ電圧、Δe_nはノイズによる測定誤差を示します。CMRRの値が大きいほど除去効果が大きく、コモンモードノイズの影響を受けにくいことを示します。

コモンモードノイズは、Hi入力端子とCOM端子間に共通して印加されます。従って、Hi入力端子と接地間の電位V_{Hi}は、

$$V_{Hi} = E_x + e_n$$

COM入力端子と接地間の電位は、

$$V_{COM} = e_n$$

と表され、e_nが変化すると、それぞれの絶対電位は変化します。しかし、Hi入力端子とCOM入力端子間の相対的な電位V_{IN}は、

$$V_{IN} = V_{Hi} - V_{COM}$$
$$= E_x + e_n - e_n$$
$$= E_x$$

となり、被測定信号そのものなので測定には影響を及ぼさないように見えます。

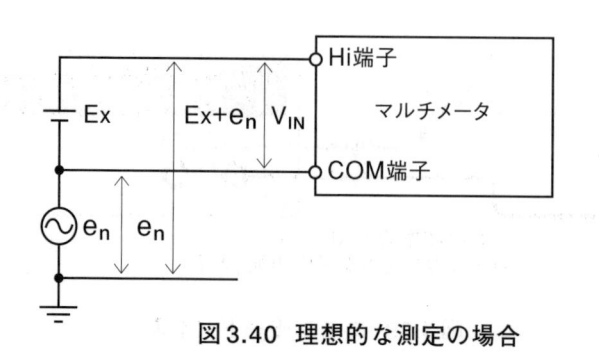

図3.40 理想的な測定の場合

しかし、実際には直流電圧測定の50mVレンジのような高感度レンジや、熱電対を使用する温度測定を行う場合に影響が現れてきます。図3.40をマルチメータの入力インピーダンスR_{IN}や絶縁抵抗Z、テストリードの抵抗R_{Hi}、R_{COM}を考慮して書き直すと図3.41のようになります。

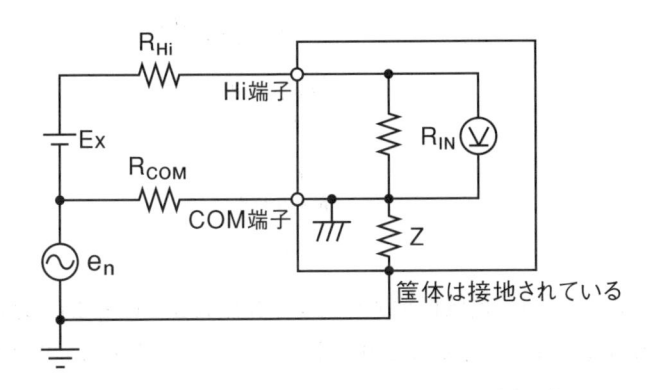

図3.41 入力インピーダンス、絶縁抵抗、テストリードの抵抗を考慮した場合

マルチメータの筐体は電源ケーブルにより接地されています。COM端子と筐体の間は絶縁されていますが、その絶縁抵抗Zは無限大ではありません。

今、$E_X=0[V]$、すなわちテストリードの先端をショートしているとして、ノイズ電圧e_nの影響のみを考えてみます。

まず、Hi端子に加わるノイズ電圧e_{Hi}は、$R_{Hi} \ll R_{IN}$より

$$e_{Hi} = e_n$$

と見なせます。

次に、COM端子に加わるノイズ電圧e_{COM}は、$R_{COM} \ll R_{IN}$より、e_nをテストリードの抵抗R_{COM}と絶縁抵抗Zで分圧した値とみなせます。すなわち、

$$e_{COM} = \frac{Z}{R_{COM}+Z} e_n$$

となります。従って測定に影響を与えるノイズ成分Δe_nは、

$$\Delta e_n = e_{Hi} - e_{COM}$$

$$= e_n - \frac{Z}{R_{COM}+Z} e_n$$

$$= (1 - \frac{Z}{R_{COM}+Z}) e_n$$

$$= (\frac{R_{COM}+Z-Z}{R_{COM}+Z}) e_n$$

$$= \frac{R_{COM}}{R_{COM}+Z} e_n$$

となります。式より、絶縁抵抗Zが大きければ大きいほどΔe_nは小さくなり、CMRRが大きくなることが分かります。また、Δe_nはR_{COM}の両端で発生していることが分かります。

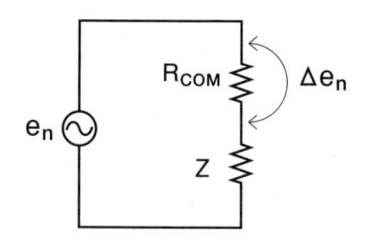

図3.42 Δe_nの発生箇所はR_{COM}

従って、図3.42は以下のように書き直すことができます。

図3.43 Δe_nの発生箇所

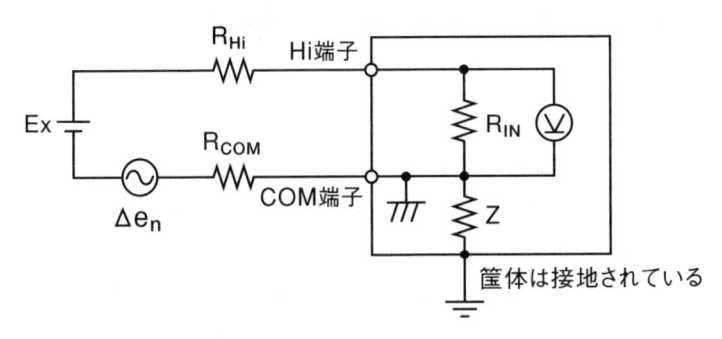

つまり、コモンモードノイズe_nはノーマルモードノイズΔe_nとして測定値に影響を与えることが分かります。ノーマルモードノイズの除去はノイズの周期が積分型A/D変換器の積分時間に等しい場合が最大となるため、マルチメータのNMRR、CMRRは商用電源周期のノイズが印加された場合で規定されています。

表3.12 NMRRおよびCMRRの表記例

分解能	サンプルレート	NMRR	CMRR
5.5桁	SLOW	55dB以上	120dB以上
5.5桁	MID	55dB以上	120dB以上
4.5桁	FAST	0dB	55dB以上

3.15 アイソレート2CH測定

　アイソレートとは電気的に絶縁するという意味で、アイソレート2CH測定というのは、直流電圧測定のCH-AとCH-Bを電気的に絶縁して測定できるということを意味します。

　マルチメータでの測定は4端子抵抗測定を除けば、すべてCOM端子を基準に測定を行います。従って、たとえばデュアル測定機能で電圧と電流を測定する場合でも、電圧測定と電流測定でCOM端子を共有するように結線しなければいけません。

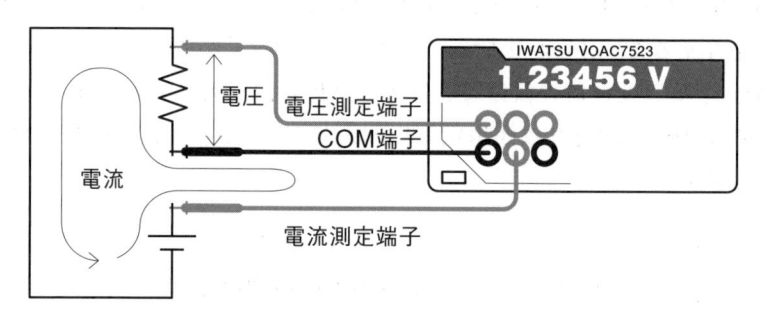

図3.44　電圧と電流をデュアル測定する場合の結線例（COM端子を共有）

　しかし、直流電圧測定ではCOM端子を共有できない2カ所の電圧を測定したい場合があります。

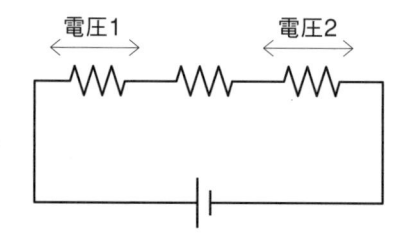

図3.45　COM端子を共有できない電圧測定の例

このような電圧を測定するためには、通常の直流電圧測定回路とは別に、COM端子を共有しない電気的に絶縁されたもう1つ直流電圧測定回路をもつ必要があります。つまり、1台のマルチメータ内部に2台の直流電圧計を持つのと等価となります。

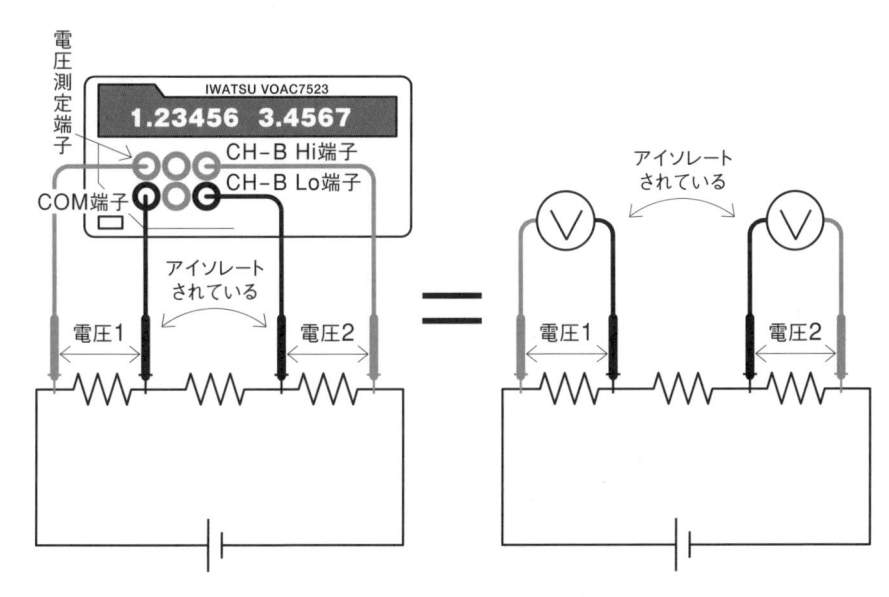

図3.46 アイソレート2CH測定の例

ただし、2つの直流電圧測定回路を持つといっても全く同じ回路を持つわけではないため、CH-AとCH-Bでは仕様に違いがある場合があります。

また、2つの直流電圧測定回路を持つ代わりに、4端子抵抗測定用の差動電圧測定回路を使用している場合があります。この場合は、測定レンジや入力可能な電圧範囲などが小さいため注意が必要です。

3.16 デュアル表示・デュアル測定

　デュアル（Dual）とは、辞書によると『2つの部分からなる』や『2本立ての』といった意味です。『デュアル表示』という場合は、『2つの部分からなる表示』という意味であり、『デュアル測定』という場合には、『2本立ての測定』といった意味になります。
　デュアル表示は、デュアル・ディスプレイと呼ぶ場合があります。また、デュアル測定はデュアル・ファンクションと呼ぶ場合があります。

　デュアル表示・デュアル測定に対して、通常の場合はシングル表示・シングル測定といいます。デュアルの場合と同様に、シングル・ディスプレイ、シングル・ファンクションと呼ぶ場合があります。

$$\boxed{1.23456 \text{ V}}$$

図3.47　シングル測定・シングル表示の例

デュアル表示は、以下のようなことが可能です。

i) 　2種類の測定結果を同時表示
ii) 　測定値のファンクションやレンジ、タイムスタンプなどの付加情報を同時表示
iii) 　メモリーに保存した測定値とアドレス、ファンクション、レンジ、タイムスタンプなどの付加情報を同時表示

$$\boxed{1.23456 \quad 3.45678}$$

図3.48　デュアル測定を行い、測定値をデュアル表示している例

第3章 ディジタルマルチメータを選ぶポイント

```
DCV5    3.45678
```

図 3.49 デュアル表示で測定値（右）と付加情報（左）を表示している例

```
01h23m  3.45678
```

図 3.50 デュアル表示で測定値（右）とタイムスタンプ（左）を表示している例

デュアル表示とデュアル測定を使用すれば、従来2台で行っていた測定を1台のマルチメータで行うことができるようになります。生産設備などでは空間の有効活用ができるようになります。また、消費電力の節減にもなります。

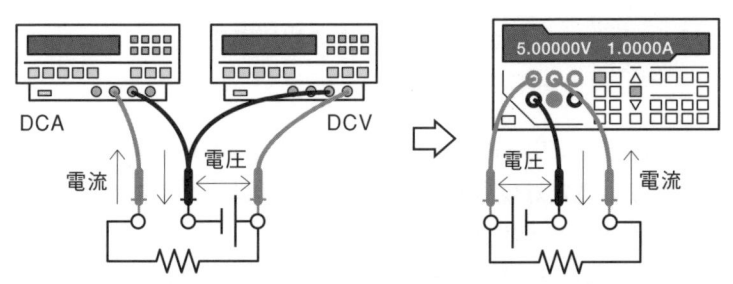

(a) 電圧と電流をデュアル測定し、デュアル表示する例

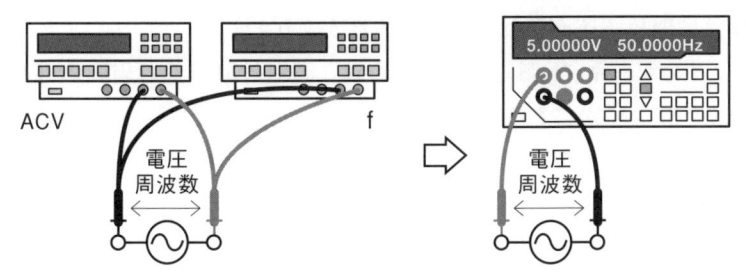

(b) 交流電圧と周波数をデュアル測定し、デュアル表示する例

図 3.51 デュアル表示、デュアル測定の例

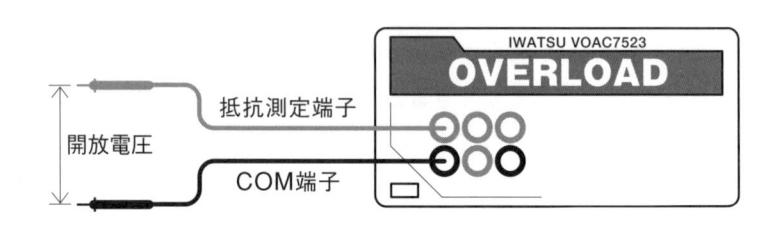

3.17 抵抗測定の開放電圧

　抵抗測定の開放電圧とは、抵抗測定端子に何も接続しない場合、またはオーバーロードしたときに端子間に現れる電圧のことです。マルチメータの機種やレンジにより若干異なりますが、おおよそ5〜15Vです。

図3.52　抵抗測定の開放電圧

　開放電圧は、テストリードを測定対象に接続した瞬間に測定対象に印加されてしまいます。測定対象の耐圧が開放電圧より小さい場合には測定対象を破損することがあるため注意が必要です。

　マルチメータをレンジ固定で使用しているときに、測定対象の抵抗値が設定レンジよりも大きい場合にはオーバーロード表示となりますが、この場合も測定対象に開放電圧が印加される可能性があります。

　また、インサーキット測定を行う場合は、測定対象以外の周囲の部品の耐圧を越えていないかにも注意が必要です。

3.18 電流測定の端子間電圧降下

電流測定の端子間電圧降下とは、電流測定時にマルチメータの電流入力端子とCOM端子間に発生する電圧降下のことです。マルチメータの入力抵抗に測定電流が流れることにより発生します。端子間電圧降下が大きいと、測定対象の回路に影響を与える場合があります。また、同じ電流値を測定するときに、端子間電圧降下が大きいということは、マルチメータの入力抵抗が大きいということを意味します。入力抵抗が大きいと測定誤差が大きくなるために、注意が必要です。

マルチメータの入力抵抗は、図3.53に示すように、シャント抵抗に、機内配線抵抗やコネクタ接触抵抗、ヒューズの抵抗、リレーの接点抵抗、基板の配線抵抗などの抵抗の合計になります。

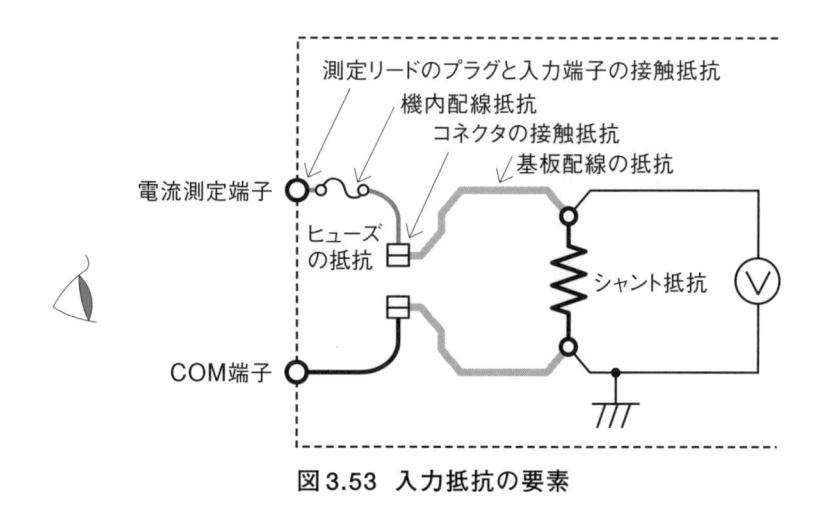

図3.53 入力抵抗の要素

機内配線抵抗や接触抵抗の値は一定ではないため、通常マルチメータでは入力抵抗が何Ω以下というように最悪値で表示します（表3.13）。

表3.13 電流測定レンジごとの入力抵抗の表記例

レンジ	入力抵抗
5mA	150Ω以下
50mA	15Ω以下
500mA	2Ω以下
10A	0.1Ω以下

3.19 電源電圧範囲

　電源電圧範囲とは、マルチメータの電源に使用することのできる交流電源の電圧範囲のことです。
　日本国内向けに市販されているマルチメータは、一般の実験室や研究室、電気電子関連の生産設備で使用されることを想定しているため、電源は商用の交流100V用に設定されています。
　国外向けの場合には、持ち出し先の国の電源事情にあわせて、工場出荷時に電源電圧を数種類の範囲から選択できるようになっています。この範囲は通常中心電圧で示され、その±10%以内の範囲で電源電圧変動があった場合でもマルチメータが正しく動作するようになっています。
　また、コンセントの形状も多様なため、電源ケーブルのプラグ形状を選択できるようになっています。
　表3.14に各国の電源電圧とプラグの対応表を、図3.54にプラグ形状を示します。
　通常、電源電圧範囲設定や電源ケーブルの選択は注文に従い工場出荷時に行われます。そのため、マルチメータを日本国外で使用する場合には、その国での使用に対応しているかをどうかを購入前に確認することが必要です。

表3.14 各国の電源電圧範囲

国名（州名）	周波数	電圧	プラグ
ヨーロッパ			
イギリス	50	240	BF/B3
イタリア	50	220	C
オーストリア	50	220/230	C/SE
オランダ	50	220/230	C/SE
ギリシャ	50	220/230	B3/C/SE
スイス	50	220/230	C/SE
スウェーデン	50	220/230	C/SE
スペイン	50	127/220/230	A/C/SE
旧ソビエト連邦	50	127/220	C
旧チェコスロバキア	50	220	C/SE
デンマーク	50	220	C
ドイツ	50	220	C/SE
ノルウェー	50	230	C/SE
フィンランド	50	220/230	C/SE
フランス	50	127/220/230	C/SE
ベルギー	50	220/230	C/SE
ポーランド	50	220	B3/C
ポルトガル	50	220/230	B3/C/SE
旧ユーゴスラビア	50	220	C
オセアニア			
オーストラリア	50	240	O
ニューカレドニア	50	220	C/O/SE
ニュージランド	50	230/240	O

（平成12年4月1日現在）

国名（州名）	周波数	電圧	プラグ
中近東			
イラク	50	220	BF/B/C
イラン	50	220/230	C/SE
サウジアラビア	50/60	127/220	A/B3/BF/C
トルコ	50	220	C/B3/SE
南北アメリカ			
アメリカ合衆国	60	120	A
アルゼンチン	50	220	BF/C/SE/O
カナダ	60	120	A
チリ	50	220	B3/C/SE
ブラジル	60	127/220	A/C/SE
ペルー	60	220	A/C/SE
メキシコ	60	120/220	A/C/SE
アジア			
日本	50/60	100	A
インド	50	220/230	B/B3/BF/C
インドネシア	50	127/220	B/B3/C/SE
韓国	60	110/220	A/C/SE
シンガポール	50	230	B/B3/BF
タイ	50	220	A/BF/C
台湾	60	110	A/C/O
中国	50	220	A/B/B3/BF/C/O/SE
パキスタン	50	220/230	C/B
フィリピン	60	230/240	A/O
香港	50	220	B/B3/BF/C
マレーシア	50	240	B/B3/BF/C

（平成12年4月1日現在）

国名（州名）	周波数	電圧	プラグ
アフリカ			
カナリア諸島	50	127/220	C
ケニア	50	240	B/B3/C
ナイジェリア	50	230	BF/C
南アフリカ	50	220/230	B/B3/BF/C

（平成12年4月1日現在）

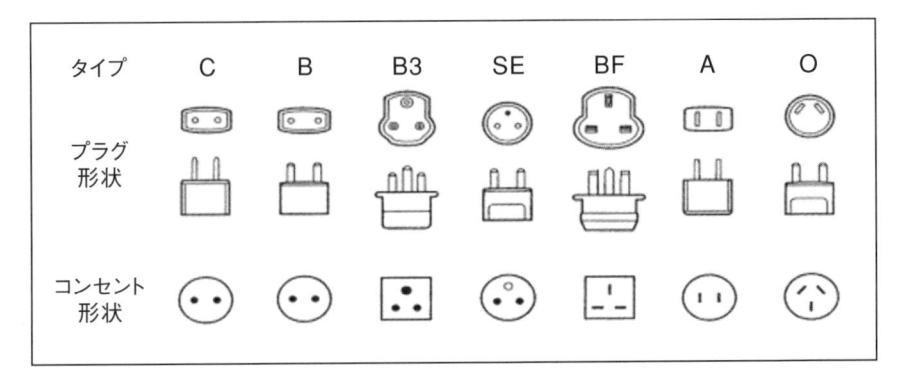

図3.54 各国で使用されているコンセント形状・プラグ形状

Chapter ……… *4*

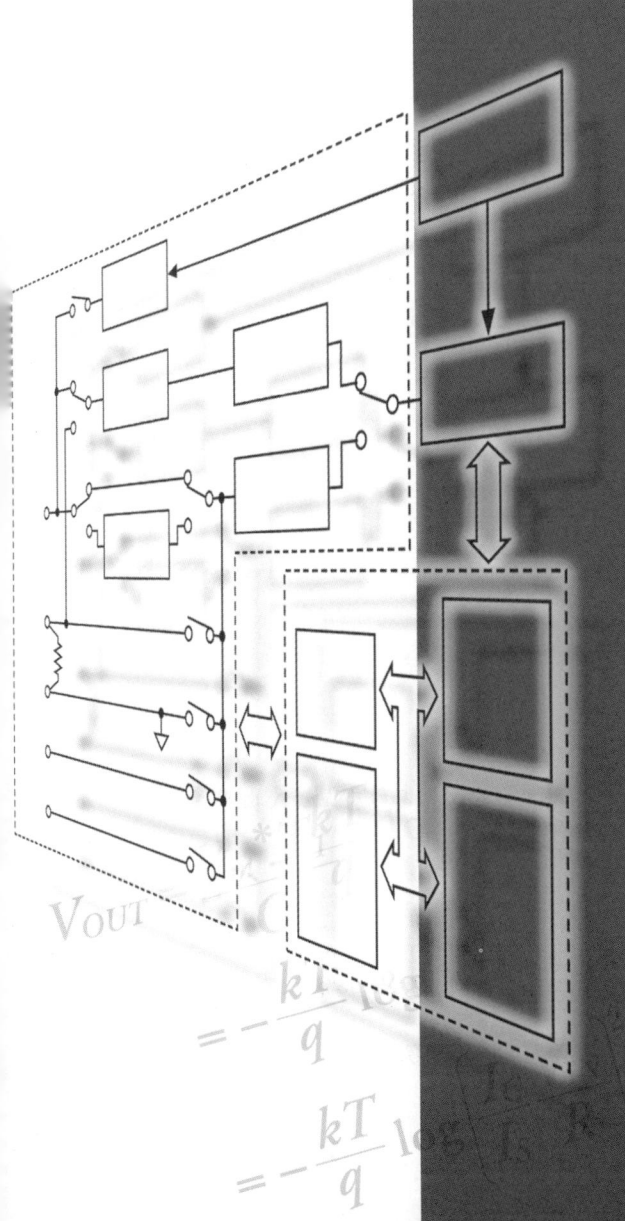

第4章
ディジタルマルチメータを使用した測定

4 ディジタルマルチメータを使用した測定

ディジタルマルチメータは、いろいろなファンクションで高分解能な測定を高確度で容易に行うことができます。しかし、マルチメータの性能を十分に生かした測定を行うためには注意すべきことがあります。また、実際に測定した結果が期待した通りにならなかった場合に、その原因が測定対象にあるのか、測定系にあるのかを切り分けるためにも、確度を悪化させる要因を知っていれば、問題点を素早く見つけ出すことができます。以下では、マルチメータで測定を行う場合のテクニックや注意点を説明します。

4.1 測定開始前の準備

ディジタルマルチメータの使用開始前に、次の確認をします。

1. 保存環境

マルチメータを使用していない時の保管場所における温度や湿度を、保存環境として規定しています。

保存温度差	−20℃〜60℃（70%RH以下） ただし、結露しないこと。また動作温度範囲を含む。

図 4.1 保存環境の表記例

図4.1の例では、温度は−20℃〜60℃の範囲で、湿度は70％以下の条件で保存しなければいけません。ただし、湿度が70％以下であっても結露が起こってはいけないと規定しています。

結露とは、夏場に冷たい飲み物の入ったコップの表面に水滴が付く現象と同じです。マルチメータの場合、冷えた状態のマルチメータを湿度の高い暖かい部屋へ異動した場合などに、マルチメータの内部に結露が発生することがあります。

保存環境が上記を逸脱していた場合には、電子部品の経年変化が早まるなどで、性能や安全性が保証できなくなります。また、通常マルチメータの校正周期は1年であり、保存環境の範囲内であれば1年以内の測定値の確度は保証されますが、保存環境を逸脱していた場合には、調整値のずれなどが発生し測定値の確度が保証できなくなります。

マルチメータを輸送する場合は、輸送中のマルチメータの環境にも注意が必要です。気温が−20℃を下回るような地域を保温されない状態で輸送されると、保存環境温度の規定を下回ってしまう場合があります。

2. 使用環境

マルチメータを使用する場所の温度と湿度を、使用環境として規定しています。

| 使用温度差 | 0℃〜50℃（80％RH以下）
ただし、結露しないことおよび、40℃〜50℃は70％RH以下。 |

図4.2　使用環境の表示例

図4.2の例では、温度は0℃〜50℃の範囲で、湿度は80％以下の条件で使用しなければいけません。ただし、40℃〜50℃の範囲では湿度は70％以下となっています。また、結露があってはいけません。結露が発生した場合には、結露がなくなるまで待ってから使用を開始する必要があります。マ

ルチメータの確度保証は使用環境の範囲における測定値に対して行われます。(仕様温度範囲内か？。周囲温度によって確度が違うことに注意が必要。)

3．電源（保護接地・電源ノイズ）

i) 接地

　ベンチトップタイプのディジタルマルチメータも、一般の電子機器と同じようにコンセントから電源を得ます。日本国内の一般家庭や企業の実験室・研究室などで目にするコンセントに供給されている電源は、単層交流100Vです。周波数は西日本では60Hz、東日本では50Hzとなっています。家電製品などは2線式の電源ケーブルを使用するものが多いですが、マルチメータは接地用の1本を加えた3線式の電源ケーブルを使用します。接地はマルチメータの筐体に接続されています。接地用の線は、感電事故を防ぐために必ず大地（アース）に接続しなければなりません。

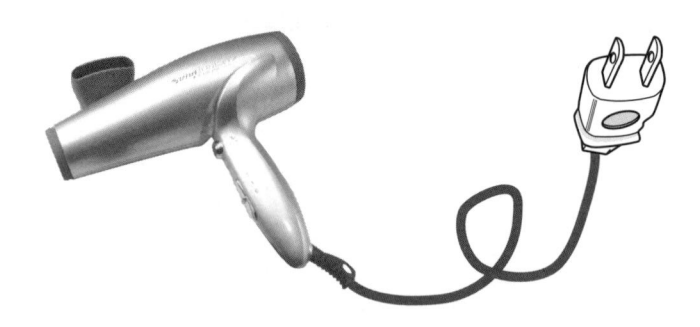

図4.3　2線式電源ケーブル

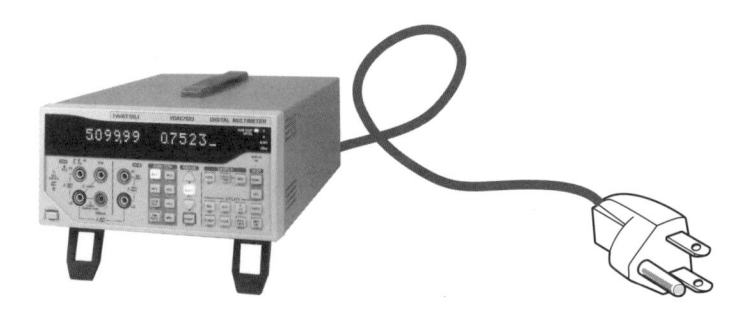

図 4.4　3線式電源ケーブル

ii) 電源ノイズ

電源は屋内配線によりコンセントまで来ます。屋内配線は、複数のコンセントで共有されているため、近くのコンセントにモータのような誘導性の機器が接続されている場合、それらの機器が動作中は屋内配線にパルス上の大きなノイズを発生させる場合があります。このようなノイズはトランジェントノイズと呼ばれ、マルチメータの電源回路を通過して内部に進入し、高感度測定時には測定値に影響を与えます。

トランジェントノイズの影響を防ぐためには、そのような機器の電源を切る方法が考えられます。さらに、市販のノイズカットトランスをコンセントとマルチメータの電源の間に挿入して、マルチメータの電源に加わるトランジェントノイズを低減させることができます。

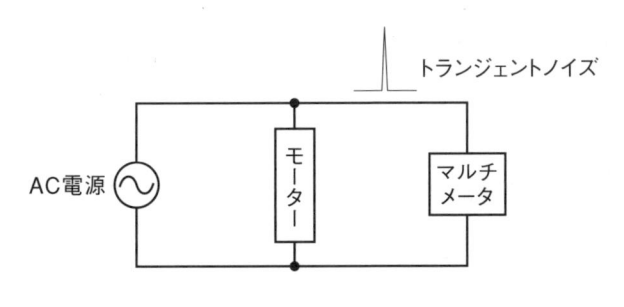

図4.5　電源ノイズ

4. ウォームアップ時間

　マルチメータを構成している抵抗などの受動素子やトランジスタ・LSIといった半導体素子、さらに電源用のトランスなどは、電源を入れて通電状態になると自己発熱します。そのため、マルチメータ本体内部の温度（機内温度）が上昇することになります。周囲温度が一定の環境では、この温度上昇は時間と共に小さくなり、一定時間経過後は変化しなくなります。電源投入から機内温度変化がなくなるまでの時間をウォームアップ時間といいます。

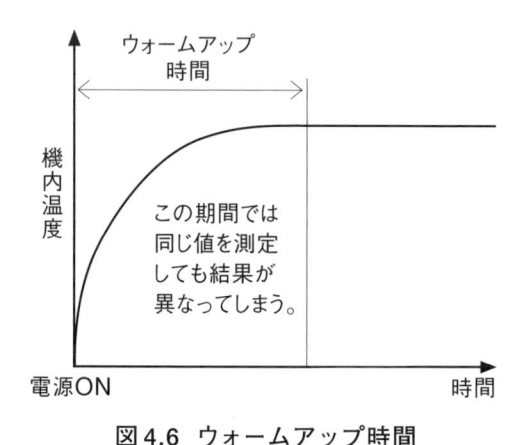

図4.6　ウォームアップ時間

　一般的に電子部品は周囲温度が変化すると、その電気的特性が変化します。多くの電子部品を組み合わせて作られているディジタルマルチメータも例外ではないため、機内温度の変化は測定値に影響を与えます。つまり、全く同じ電圧を測定した場合でも、電源投入直後の測定値と、ウォームアップ時間経過後の測定値では差が生じます。
　従って、マルチメータにはウォームアップ時間が規定されており、電源投入からこの時間まってから測定を行わなければなりません。
　また、マルチメータの確度保証はウォームアップ時間経過後の測定値に対して行われます。
　ただし、ハンディマルチメータなどでは電池駆動であるため、消費電力が小

さくなるように設計されており、電子部品の発熱による機内温度上昇がほとんど無いため、ウォームアップ時間の規定の無いものもあります。

4.2 直流電圧測定

ディジタルマルチメータを使用するもっとも基本的な測定が直流電圧測定です。直流電圧を測定する場合には以下のようなことに注意が必要です。

1．入力インピーダンス（入力抵抗）

入力インピーダンス（入力抵抗）とは、マルチメータの外側からマルチメータの測定端子をみたときに、等価的に何オームの抵抗として見えるかということです。

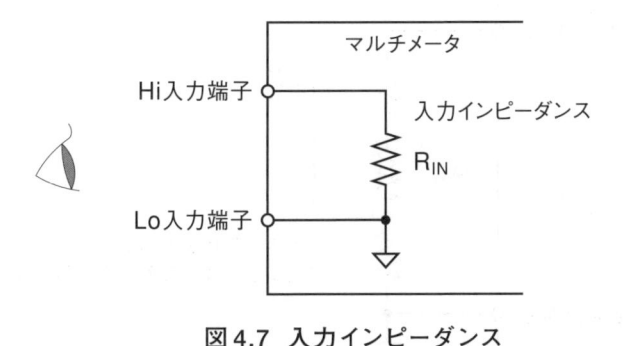

図4.7　入力インピーダンス

通常5Vレンジ以下の場合、入力電圧は直接直流電圧測定回路のバッファアンプに入力されます。そのため、入力抵抗はバッファアンプの入力抵抗そのものとなります。バッファアンプの入力部はFETで構成されており、その入力インピーダンスは1GΩ以上になります。

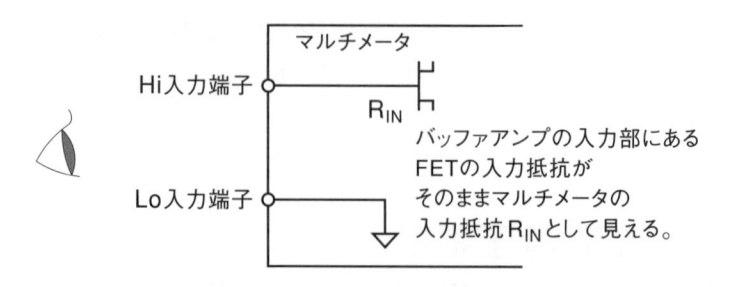

図4.8 5Vレンジ以下の入力インピーダンス

バッファアンプの入力部にあるFETの入力抵抗がそのままマルチメータの入力抵抗R_{IN}として見える。

50Vレンジ以上の場合、入力電圧はアッテネータ回路で分圧されバッファアンプに入力されます。アッテネータ回路は抵抗による分圧回路ですから、抵抗値の合計が入力インピーダンスとなります。アッテネータ抵抗は通常10MΩですので、入力インピーダンスは10MΩになります。

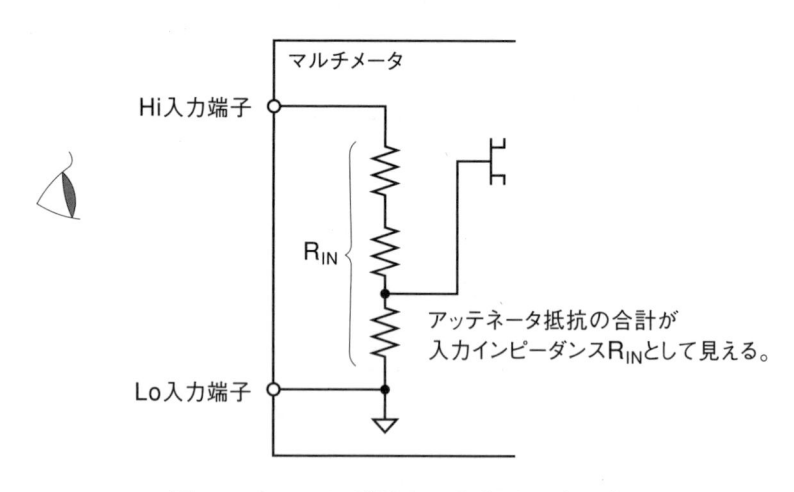

図4.9 50Vレンジ以上の入力インピーダンス

アッテネータ抵抗の合計が入力インピーダンスR_{IN}として見える。

ディジタルマルチメータの入力インピーダンスは非常に大きいため、通常は無限大Ωと見なすことができますが、実際には有限の値であるため、測定対象の出力インピーダンスR_{OUT}とマルチメータの入力インピーダンスR_{IN}により被

測定電圧が分圧されて誤差が生じます。

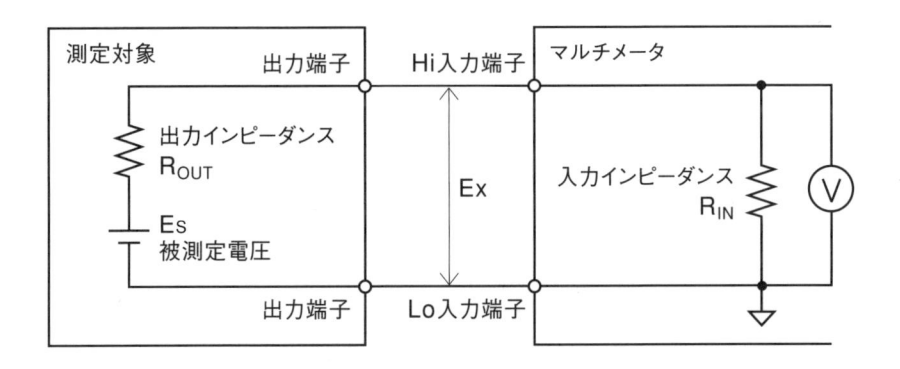

図4.10 マルチメータの入力インピーダンスの測定値への影響

E_X は E_S を R_{OUT} と R_{IN} で分圧したものなので

$$E_X = \frac{R_{IN}}{R_{OUT} + R_{IN}} E_S$$

したがって誤差 err は

$$err = 1 - E_X/E_S$$
$$= \frac{R_{IN}}{R_{OUT} + R_{IN}} E_S$$

となる。

2．保護回路の動作による入力インピーダンスの低下

5Vレンジ以下の場合、入力電圧はそのままバッファアンプに入力されます。バッファアンプの入力はFETやオペアンプなどの電子部品で構成されているため、耐圧は10Vから15V程度とあまり大きくありません。たとえばレンジ設定を5Vレンジに設定したまま、入力端子に電子部品の耐圧を超えるような大

きな電圧を印加した場合、バッファアンプが破壊されてしまいます。これを防ぐために入力端子とバッファアンプの間には保護回路が入っています。

保護回路は、抵抗とダイオードによるクランプ回路が使用されます。

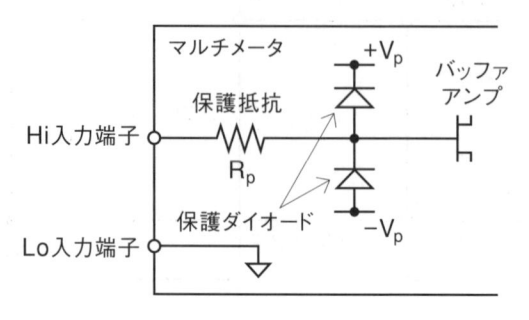

図4.11 入力保護回路

クランプ回路の入力電圧と出力電圧の関係は以下のようになります。

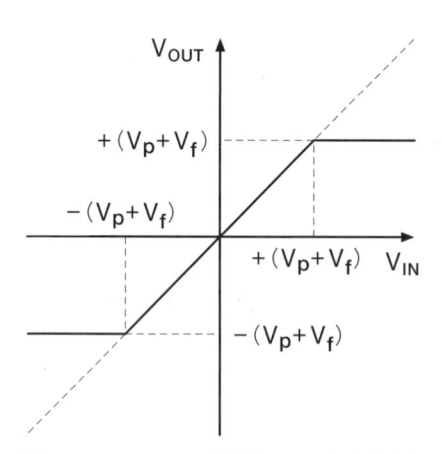

図4.12 クランプ回路の入出力特性

±V_pは保護用の電圧であり、V_fはダイオードの順方向電圧です。

正の入力電圧の場合、+(V_p+V_f)が保護電圧となります。保護電圧に達するまでは入力電圧と出力電圧は等しくなります。入力電圧が保護電圧より大き

くなると、ダイオードを通して電源へ電流 I_p が流れはじめます。

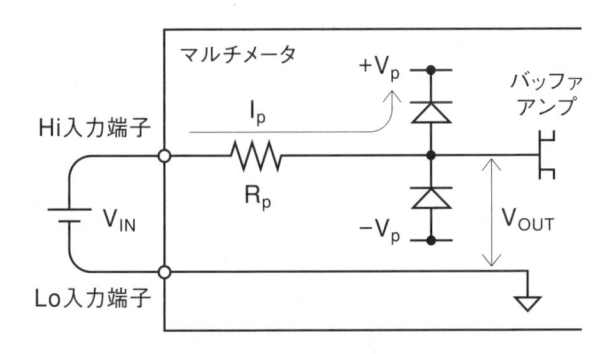

図4.13 保護抵抗

このとき保護抵抗に流れる電流は、

$$I_p = \{V_{IN} - (V_f + V_p)\}/R_p$$

となります。流れた電流により保護抵抗の両端に電圧降下が発生するため、クランプ回路の出力電圧 V_{OUT}、すなわちバッファアンプの入力電圧は、

$$\begin{aligned} V_{OUT} &= V_{IN} - I_p R_p \\ &= V_{IN} - (V_{IN} - V_f - V_p)/R_p \times R_p \\ &= V_{IN} - V_{IN} + V_f + V_p \\ &= +(V_f + V_p) \end{aligned}$$

となり、入力電圧によらず保護電圧にクランプされることになります。負の入力電圧でも同様で、

$$V_{OUT} = -(V_f + V_p)$$

となります。
このとき保護抵抗 R_p は

$$W = I_p^2 R_p$$

の電力を消費して発熱します。このため、R_p には耐電力の大きい抵抗が使用されますが、無限に通電させられるわけではありません。このため、マルチメータには保護動作時の連続通電時間が決められています。この時間を超えて通電し続けた場合には、保護抵抗の焼損や劣化による測定誤差の増加などが起こります。

以上のように保護回路があるために誤ってレンジ設定よりも大きな電圧を入力端子に印加した場合でもすぐにマルチメータが壊れることはありません。

しかし注意が必要なのは、保護回路が動作状態になると、マルチメータの入力インピーダンスが保護抵抗の値（100kΩから200kΩほど）まで低下してしまうことです。入力インピーダンスが大きく変化してしまうため、被測定回路の動作が不安定になったり、場合によっては壊してしまう可能性があります。

被測定電圧がおおよそ分かっている場合には、正しいレンジをあらかじめ設定しておけば、問題を避けることができます。分からない場合には、最大レンジに設定しておいて、測定を開始して、適切なレンジまで手動で下げていくことで問題を避けることができます。

3. オートレンジ

オートレンジは、入力電圧に合わせて測定レンジを自動的に変更してくれる便利な機能です。しかし直流電圧測定の場合、測定リードを測定対象に接続していないときの測定値は、ほぼ0Vに近い値となるため、5V以下のレンジに自動的にレンジダウンします。

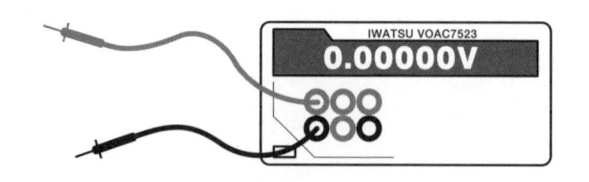

図4.14 測定リード解放時は、0V付近の値を表示

この状態で入力端子にレンジの最大電圧を超える電圧を印加した場合、オートレンジでレンジアップしますが、最終的なレンジが確定されるまでの間保護回路が働く場合があり、入力インピーダンスが低下した状態が発生します。このため、2. で述べたのと同じ問題が発生する可能性があります。

4. 熱起電力

5Vレンジ以下の高感度レンジでは、熱起電力が問題になる場合があります。熱起電力とは、異なる材料の2本の金属を接続して1つの回路を作り、2つの接点間に温度差を与えると回路に電圧が発生して、電流が流れるという現象です。1821年にドイツの物理学者トーマス・ゼーベックによって発見され、ゼーベック効果と呼ばれます。

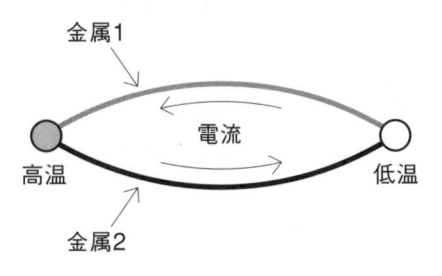

図4.15 ゼーベック効果

片側の接点を開放して直流電圧計に接続すれば、熱起電力を測定することができます。

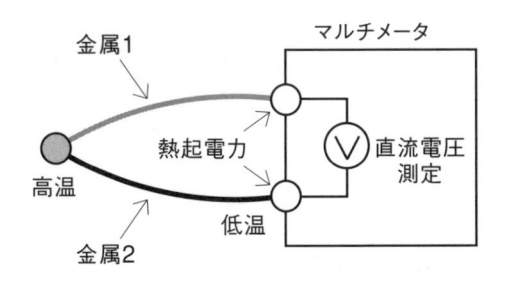

図4.16 熱起電力

この現象をそのまま利用するのが熱電対による温度測定ですが、高感度レンジ（500mV以下のレンジ）の直流電圧測定では熱起電力が誤差となる場合があります。

たとえば、電源回路の発熱部位の近くの電圧を測定する場合で、GND側温度の低い部分に接続した場合、テストリードと被測定部分の温度差による熱起電力が誤差となります。

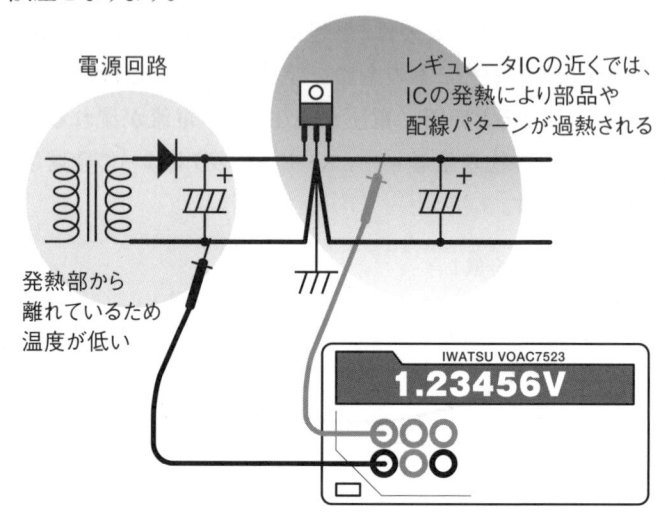

図4.17 熱起電力が問題となる測定例

以下に等価回路を示します。

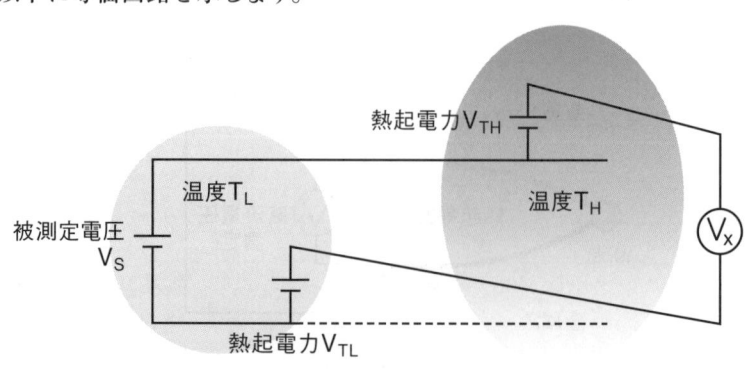

図4.18 等価回路

温度 T_L におけるテストリードと接触部分の熱起電力を V_{TL}、温度 T_H における熱起電力を V_{TH} とする。被測定電圧を V_S とすると、測定電圧 V_X は次式のようになります。

$$V_X = V_S + V_{TH} - V_{TL}$$

したがって、測定値 V_X は２本のテストリードがそれぞれ接触する点の温度差による熱起電力の差が誤差になることが分かります。

V_{TH} および V_{TL} は、マルチメータのテストリードの先端の金属と、接触部分の金属の組み合わせと、温度差により決まります。表4.1 に、金属の種類と熱起電力を示します。

表 4.1 金属の熱起電力

銅と組み合わせる金属	μV/℃概略値
銅	<0.3
金	0.5
銀	0.5
黄銅	3
ベリリウム銅	5
アルミニウム	5
コバール	40
シリコン	500
酸化銅	1000
カドミウムすずハンダ	0.2
すず鉛ハンダ	5

熱起電力を最小に抑えるためには、まず2本のテストリードが接触する点の温度差をなるべく小さくします。

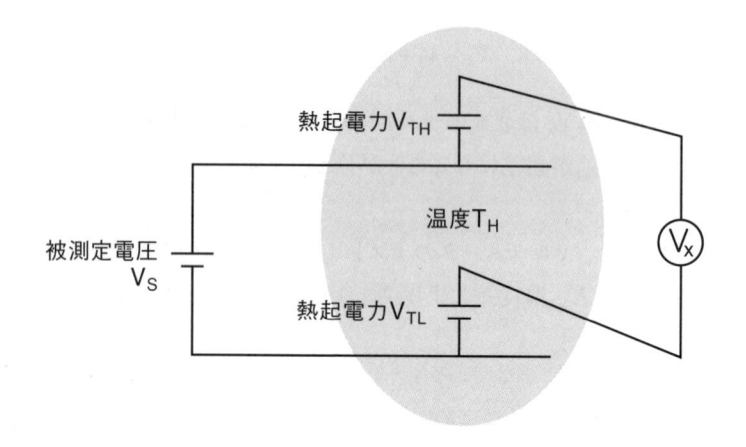

図4.19 熱起電力

温度差が小さければ、

$$V_{TH} \fallingdotseq V_{TL}$$

とみなせ、したがって、

$$V_X = V_S + V_{TH} - V_{TL}$$
$$\fallingdotseq V_S$$

となり、誤差を小さくすることができます。可能であれば被測定部分の金属の種類をテストリードの先端の金属と等しくすれば、さらに誤差を小さくできます。

5. 磁気

　高感度レンジでの測定では、地磁気やモータ、トランスなどからのリーケージフラックス（漏れ磁束）による電磁誘導により起電力が発生し、測定に影響を与えます。

　電磁誘導による起電力は、周囲に磁気が存在しなければ発生しないので、まずは測定環境から磁気を発生させるものを取り除くようにします。

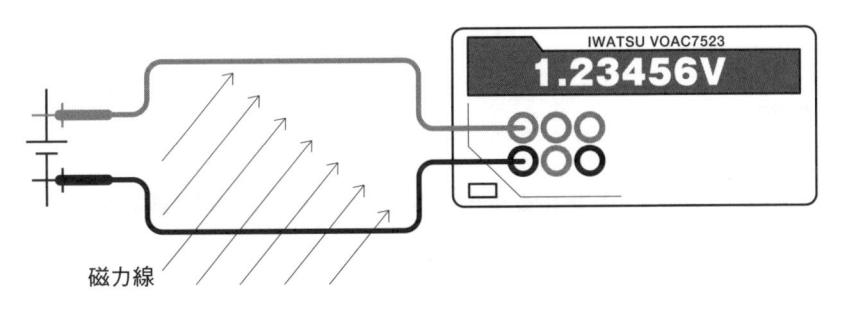

図 4.20　磁気が問題となる測定例

　完全に磁気を取り除くことができず、図 4.20 のような状態で測定を行う場合、風などによりテストリードが揺れると磁界の中を導体が移動したことになり、電磁誘導により起電力が発生します。この対策としては、テストリードをできるだけ短くして、動かないようにしっかりと固定するようにします。（図 4.21）

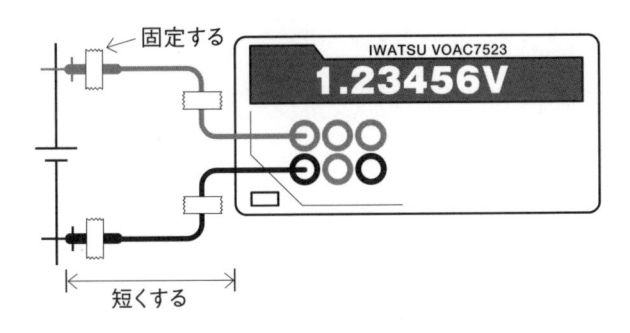

図 4.21　テストリードを短く、固定して磁気の影響を避ける

しかし、テストリードを固定していても、2本のテストリードが作るループの中を通過する磁界が変化する場合には、やはり電磁誘導により起電力が発生します。この場合の対策としてはできるだけ2本のテストリードを接近して配置し、ループの面積が小さくなるようにします（図4.22）。

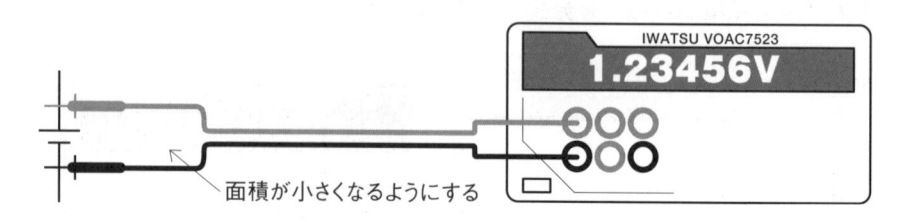

図4.22　テストリードが作るループ面積を小さくして磁気の影響を避ける

4.3 高圧電圧測定

通常マルチメータは1000Vまでの電圧を測定することができますが、それ以上の電圧を測定したい場合には高圧プローブを使用します。

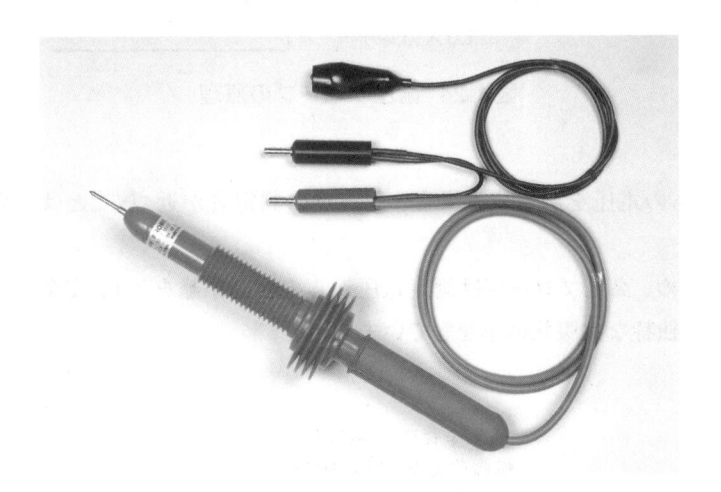

図4.23 高圧プローブオプション（岩通計測 SC-003）

VOAC752xシリーズ用オプションの高圧プローブSC-003では30kVまでの電圧を測定することができます。高圧プローブの原理は、マルチメータ内部のアッテネータと同じように、抵抗器による分圧を行っています（図4.24）。マルチメータを50Vレンジ以上にした場合のマルチメータの入力インピーダンス10MΩと、高圧プローブ内の抵抗により1000：1のアッテネータを構成するようになっています。

従って、高圧プローブを使用する場合は、マルチメータの入力インピーダンスが10MΩとなるレンジでしか使用できません。また、交流電圧測定では入力インピーダンスが1MΩ//100pFであるため、使用することはできません。

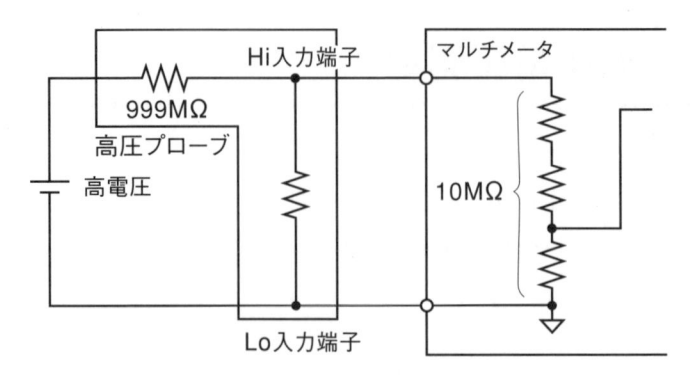

図4.24 高圧プローブの原理

30kVもの電圧を測定する場合、測定点に測定者が近づくことは大変危険です。

そのため、高圧プローブは測定電圧からの縁面距離をとり、安全を確保するために独特な蛇腹状の形をしています。

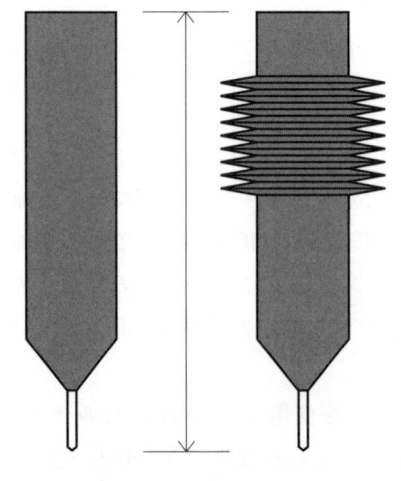

図4.25 縁面距離

4.4 電流測定

• **内部配線抵抗**

マルチメータの入力抵抗は非常に小さい値なので、ほとんどの電流測定では0Ωと見なしても問題ありませんが、被測定回路の出力インピーダンスが小さい場合には問題となる場合があります。

図4.26のような回路に流れる電流を考えてみます。

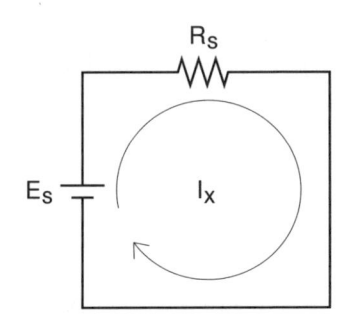

図4.26 被測定回路

この回路に流れる電流I_Xは、オームの法則より次式のようになります。

$$I_X = \frac{E_S}{R_S} \, [\text{A}]$$

次に上図の回路の電流を測定するために、図4.27のようにマルチメータを接続した場合を考えてみます。

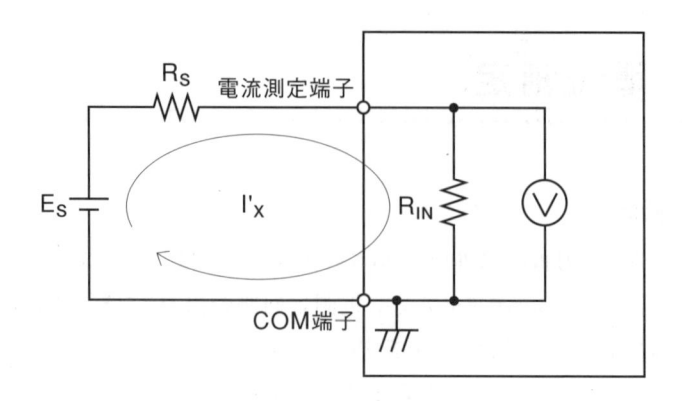

図4.27 マルチメータの内部抵抗を考慮した測定回路

このとき、回路に流れる電流I'_Xは、オームの法則より次式となります。

$$I'_X = \frac{E_S}{R_S + R_{IN}} \ [\text{A}]$$

以上より、

$$I_X \neq I'_X$$

であることは明らかです。つまり、マルチメータを被測定回路に接続すると、マルチメータの内部抵抗により測定しようとする電流そのものが変化することが分かります。このときの誤差は以下のようになります。

$$\left(1 - \frac{I'_X}{I_X}\right) \times 100 = \left(1 - \frac{\frac{E_S}{R_S + R_{IN}}}{\frac{E_S}{R_S}}\right) \times 100$$

$$= \left(1 - \frac{R_S}{R_S + R_{IN}}\right) \times 100$$

$$= \left(\frac{R_{IN}}{R_S + R_{IN}}\right) \times 100 \ [\%]$$

上式より、R_{IN}が0Ωに近ければ近いほど誤差は小さくなることが分かります。逆に被測定回路の出力インピーダンスR_Sは、小さければ小さいほど誤差が大きくなることが分かります。E_Sがバッテリーなどの場合はR_Sの値が小さいため、注意が必要になります。

　また、マルチメータの入力抵抗に被測定電流を流すと被測定電流に比例した電圧降下が電流測定端子とCOM端子間に発生します。電流測定回路は被測定回路に直列に挿入されるために、端子間電圧降下により被測定回路が正しく動作しなくなる場合があります。
　たとえば、図4.28に示すようなバッテリー駆動の装置では、電源電圧低下による装置の誤動作を防止するために、バッテリー電圧の低下を検出して電源を切るような仕組を持っているものがあります。

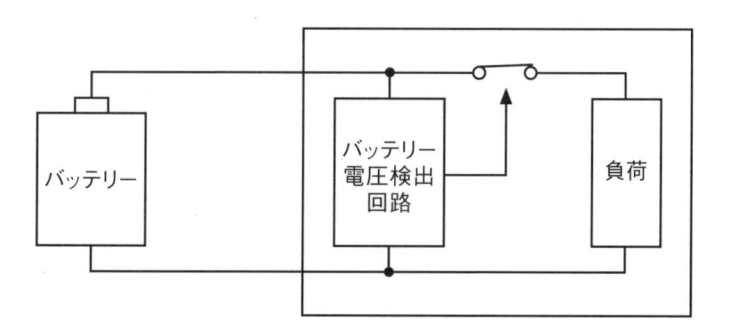

図4.28　携帯電話などのバッテリー駆動の装置

　このような場合、バッテリーから装置に流れる電流を測定するためにバッテリーと装置の間にマルチメータを挿入した場合、マルチメータの入力抵抗による電圧降下のためにバッテリー電圧検出回路が動作してしまい、装置の電源が切れてしまう場合があります（図4.29）。

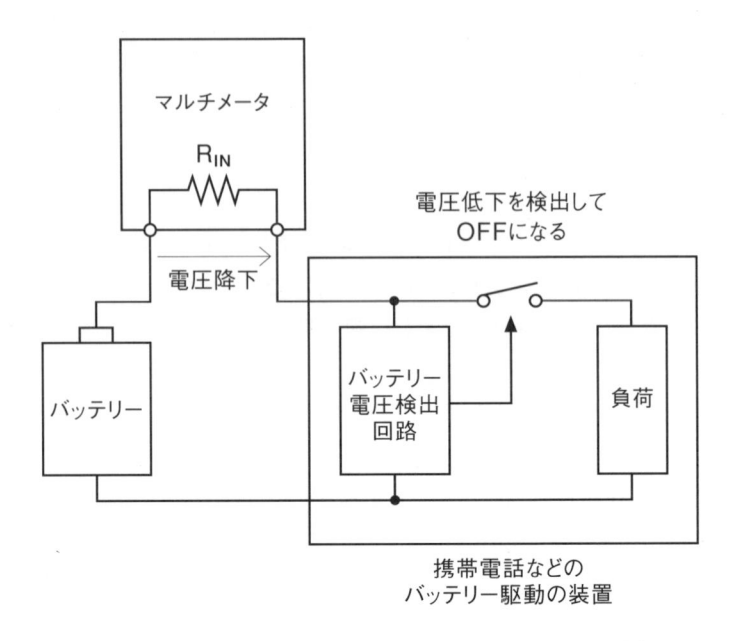

図 4.29 端子間電圧降下が回路に問題を与える例

図 4.30 に示すように、回路電流 I_x と R_2 の電圧 V_x のデュアル測定を行う場合、COM 端子への結線の位置を間違えると電圧測定に電流測定の端子間電圧降下が加算されてしまいます。

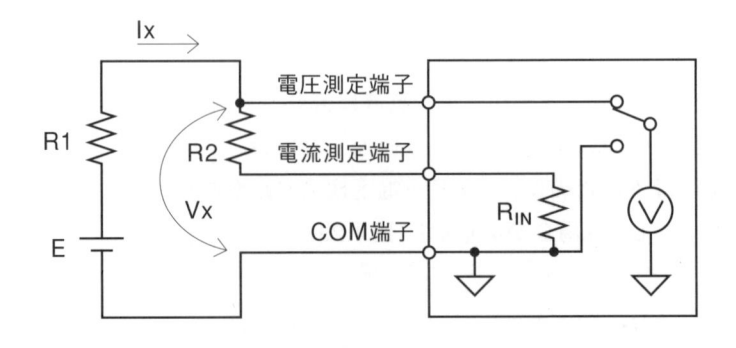

図 4.30 結線間違いにより端子間電圧降下が電圧測定に影響する例

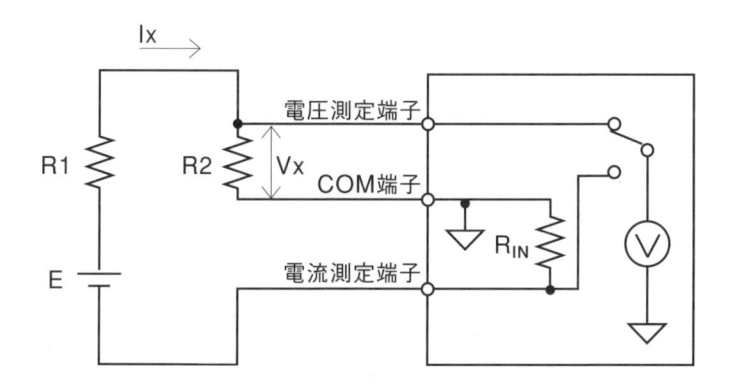

図4.31 電流と電圧のデュアル測定を行う際の正しい結線

• 電流クランププローブ

　マルチメータを使用した電流測定を行うには、通常測定しようとしている箇所の配線を切り、マルチメータを直列に挿入しなければいけません。しかし、電源ケーブルに流れる電流をケーブルを切断しないで測定したかったり、電流測定の入力インピーダンスによる電圧降下が許容できない回路の電流を測定したい場合があります。そのような場合には、電流クランプを使用します。

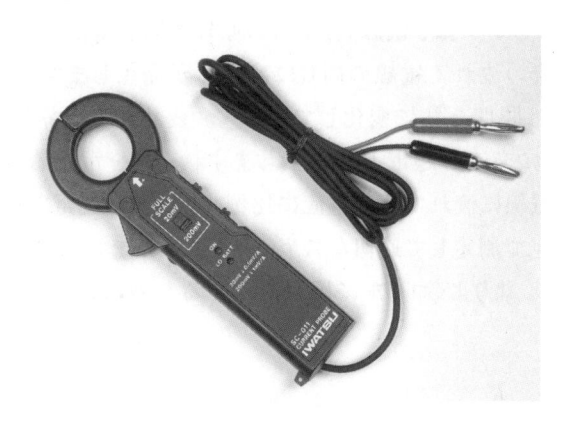

図4.32 電流クランプ（SC-011　岩通計測）

電流クランプは電流の流れる電線をクランプ部分に通すことで、回路を切断することなく電流を測定することができます。測定回路を切断しなくてもよいように、クランプ部分は開閉ができるようになっています。

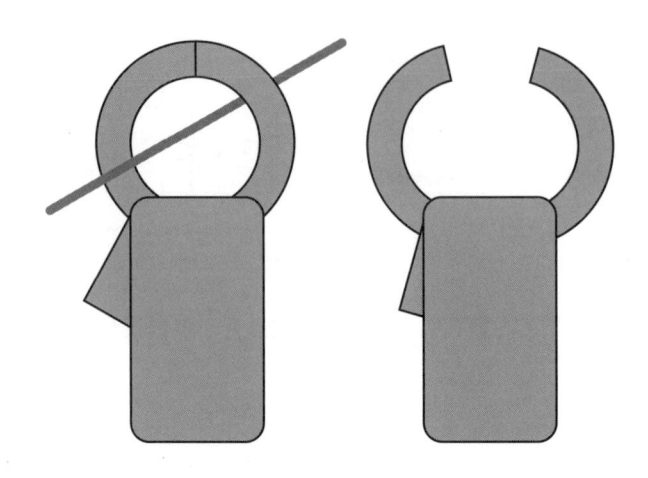

図4.33 クランプ部分は開閉可能

電流クランプにはその動作原理の違いから、交流電流専用のものと、直流電流と交流電流の両方とも測定できるものがあります。

交流電流用クランプは、電源トランスの原理と同じ電磁誘導現象を利用しています。電流の流れる電線の周りには磁界が発生します。交流電流であればその磁界は時間と共に変化しています。変化する磁界にコイルを近づけると、コイルに交流の起電力が発生します。これを電磁誘導と呼びます。この起電力は電線に流れている電流に比例するので、起電力をマルチメータの交流電圧測定で測定して適切なスケーリング演算を行えば、電流値を得ることができます。よりよくコイルに磁束を伝えるために、コイルはコアに巻かれています。

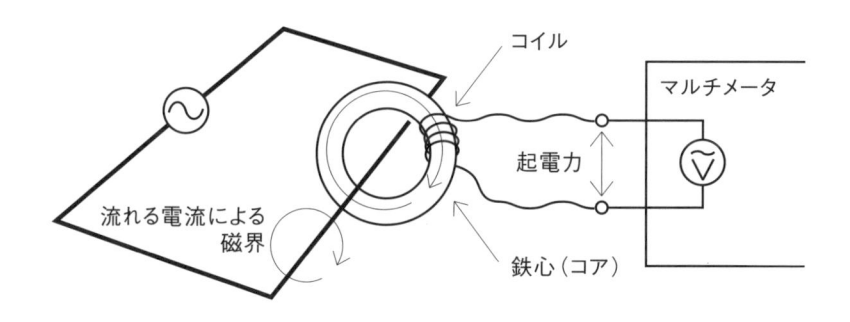

図 4.34　交流電流用クランプの原理

　直流電流も測定できるクランプの場合は、電流による磁界の検出にホール素子を使用します。ホール素子は磁界の強さに応じた電圧を発生させる素子です。この電圧を測定し、適切な演算を行うことで電流値を得ることができます。

4.5 抵抗測定

　マルチメータのファンクションのなかでもっとも広いレンジを有する測定が抵抗測定です。10mΩから500MΩと非常に範囲が広いため、同じ抵抗測定でも低抵抗を測定する場合と高抵抗を測定する場合で注意する点が異なります。

4.5.1 低抵抗測定

　5kΩレンジ以下の低抵抗測定を行う場合には、測定リードの抵抗値が測定値に影響してきます。そのため、5kΩ以下レンジでの確度保証はREL演

算によるゼロ補正を行った後となっています。REL演算によるゼロ補正の仕方は、以下のように行います。
1. マルチメータを使用するレンジに設定。
2. テストリードの先端をショートさせた状態でREL演算キーを押下して、REL演算機能をONにする。
3. REL演算がONの間、抵抗の測定結果はテストリードの抵抗値がキャンセルされた値となります。

REL演算機能は非常によく使用する機能のため、多くのマルチメータで専用キーが割り当てられています。機種によってはNULL機能と呼んでいる場合もあります。

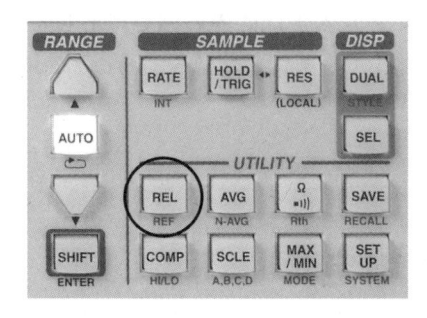

図4.35　REL演算キー

4.5.2 高抵抗測定

4.5.2.1 ノイズの影響

5MΩレンジ以上を使用する高抵抗測定では、マルチメータの入力端子からテストリードの先端までハイインピーダンス状態となります。そのため、テストリードがアンテナのように振る舞い、周囲のノイズを拾いやすくなります。ノイズ

を拾うと測定値が安定せず大きく変動してしまいます。人が近づいただけでも測定値に影響する場合があります。このような場合には、AVG（Average：平均）演算が有効です。

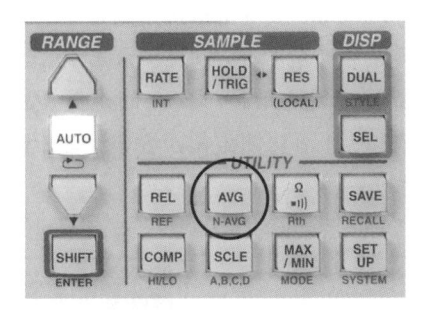

図 4.36　AVG 演算キー

平均演算では、平均処理演算に使用するデータの個数を設定できるようになっています。演算に使用するデータの個数は多いほど安定した値が得られますが、最初の有効なデータが得られるまでに時間がかかります。ノイズによる測定値の変動幅や周期から適切な値を選ぶようにします。

また、測定ケーブルをシールドケーブルにすることにより、周囲のノイズを拾いにくくすることもできます。AVG 演算機能とあわせて使用すれば効果的です。

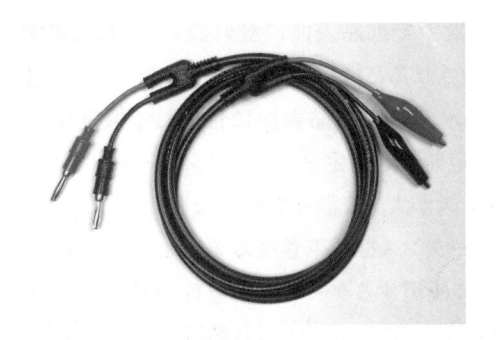

図 4.37　高抵抗測定用ケーブル（岩通計測 SC-004）

4.5.2.2 容量の影響

高抵抗測定では、測定電流は非常に小さい値となります。たとえば、500MΩレンジでは10nAです。もし、被測定抵抗や測定リードに容量成分がある場合には、測定電流が容量を充電する方向に流れます。そのため、有効な測定値が得られるまでの時間、つまりセトリング時間が長くなります。リモート制御で自動計測を行う場合は、十分に測定値が安定するまでの待ち時間をとるようにしなければいけません。

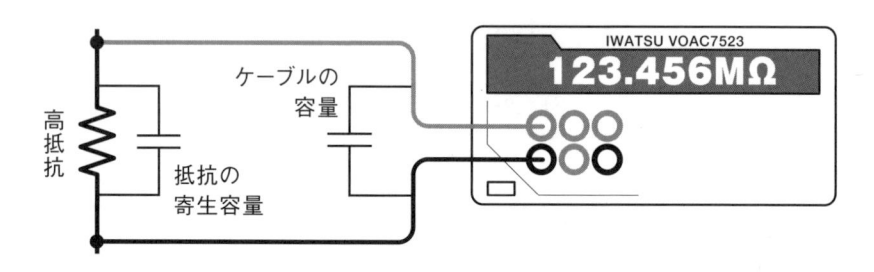

図 4.38 容量の影響

4.5.2.3 絶縁抵抗の影響

高抵抗測定では、被測定抵抗の取り扱いに注意が必要です。高抵抗の部品を扱う場合は、素手で部品表面に触れないようにします。手の水分や油分で部品表面が汚染されると抵抗値が変化するためです。また、湿度が高い状態では、空気中の水蒸気が部品表面に付着して抵抗値が変化する場合があります。高抵抗測定時は、測定系がハイインピーダンスの状態になるため、測定系のインピーダンスが大きな誤差要因となります。

測定系のインピーダンスを低下させる要因として、測定リードの絶縁があります。測定リードに使用するケーブルは被覆の材質や厚さで絶縁抵抗が異なります。また、被覆が吸湿することにより絶縁は低下します。

仮に絶縁抵抗R_Iによる誤差を1％以内に収めようとする場合、R_Iの影響を

受けた場合の測定結果をRx'とすると、Rx'はR_IとR_Xの並列抵抗となるので、

$$R_X' = \cfrac{1}{\cfrac{1}{R_X} + \cfrac{1}{R_I}}$$

$$= \frac{R_X \times R_I}{R_X + R_I} \qquad (1)$$

したがって、誤差errは、

$$err = \frac{R_X - R_X'}{R_X} < 1\,[\%] \qquad (2)$$

式2に式1を代入してR_Iについて整理すると、

$$R_I > 99 R_X$$

となります。以上より、例えば被測定抵抗の抵抗値Rxが100MΩの場合、絶縁抵抗による誤差を1％以内に収めるためには、絶縁抵抗は9.9GΩよりも大きくしなければなりません。

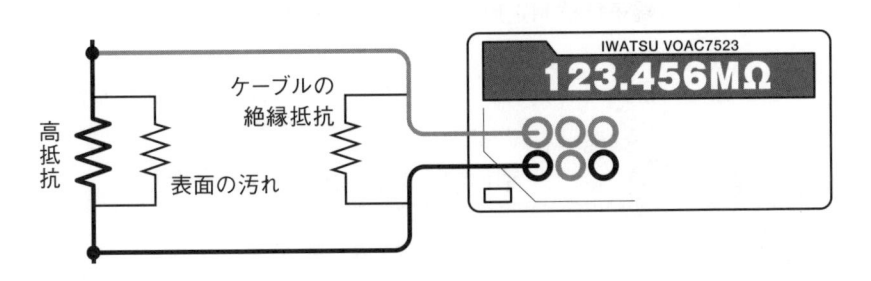

図4.39 絶縁抵抗低下の影響

4.5.3 4端子抵抗測定

2端子抵抗測定法において低抵抗を測定する場合、測定リードの抵抗値はREL演算により取り除くことができますが、測定リードの先端と被測定対象との接触部分の抵抗は取り除くことができません。また、接触抵抗は不安定で、接触させる力や接触面の状態により一定とはなりません。

接触抵抗や測定ケーブルの抵抗を取り除き、高精度の抵抗測定を行うには4端子抵抗測定法を使用します。4端子抵抗測定では測定電流を流す端子と抵抗の電圧降下を測定する端子を、クリップ部分で一体にして扱いやすくした専用ケーブルを利用することができます。専用ケーブルを使用すれば、測定対象をクリップで挟むだけで4端子抵抗測定を行うことができます。

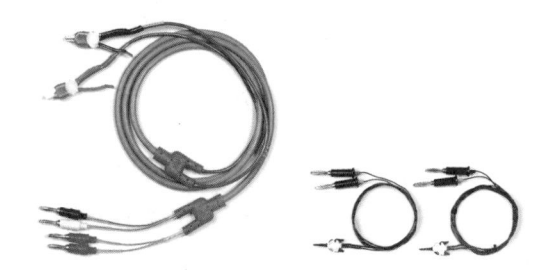

図4.40 4端子抵抗測定ケーブル（SC-005左）、
　　　　4端子抵抗測定用超小型クリップ（右）（岩通計測）

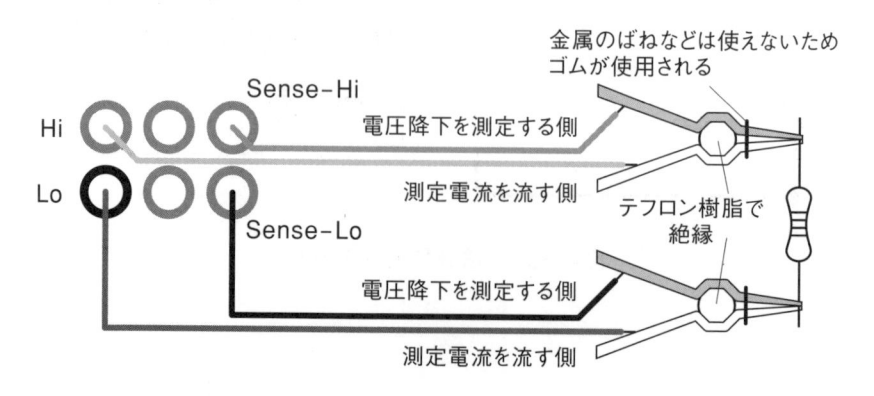

図4.41 4端子抵抗測定ケーブルの構造と結線

4端子抵抗測定ケーブルは測定電流を流す側と被測定抵抗の電圧降下を測定する側の絶縁を保つために、軸の部分にテフロン樹脂を使用しています。また、クリップとして機能させるためにばねが必要ですが、金属性のばねを使用することができないため、輪ゴムをばねの代わりに使用しています。ゴムは時間が経つと朽ちてばねとして機能しなくなるため、交換する必要があります。

4.6 ダイオード測定

ダイオード測定ではダイオードの順方向電圧 V_f を測定することができます。ダイオードの機能のひとつは、電流を一方向にしか流さないという整流作用です。電流を流す向きを順方向といい、そのときの電流を順方向電流とよびます。順方向電圧は、ダイオードの順方向に電流を流したときのダイオードの両端の電圧のことです。

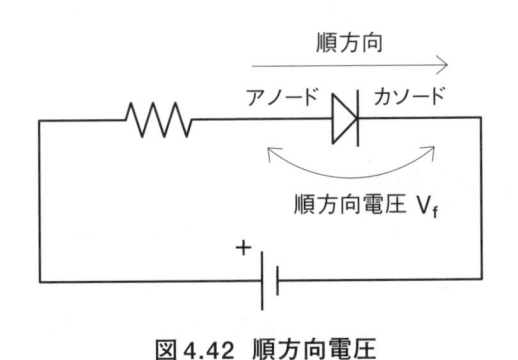

図 4.42 順方向電圧

順方向電圧の測定には、マルチメータの電圧測定機能を使用すれば可能ですが、順方向電流を流すために外付けの回路を用意しなければいけません。そこで、マルチメータのダイオード測定ではマルチメータ内部に順方向電流とし

て測定電流を流すための定電流源を用意して、ダイオードを接続するだけで順方向電圧を測定できるようにしています。

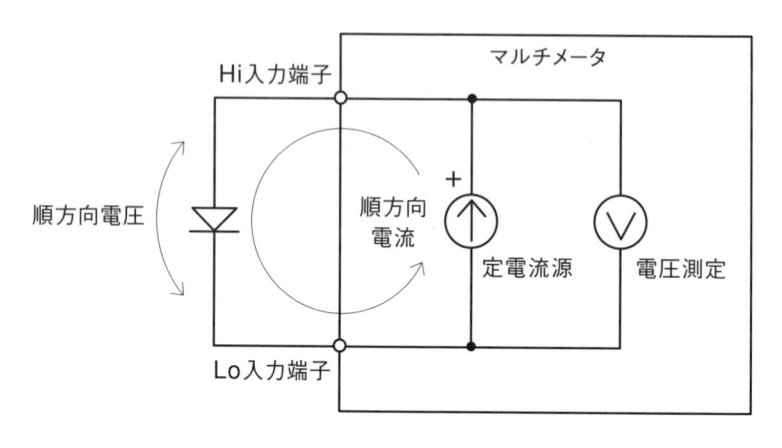

図4.43　ダイオード測定

　ダイオードの順方向電圧は順方向電流の大きさにより変化するため、マルチメータでは測定するダイオードにあわせて電流を変更できるようになっています。

4.7　温度測定

　最近のマルチメータは、熱電対による温度測定機能を搭載しなくなってきています。もっとも大きな理由としては、入力端子の形状にあります。図4.44に示すようにマルチメータの入力端子には高電圧が印加される可能性があるため、安全性を確保するために金属部分が露出しないようになっています。従来のものは熱電対のワイヤーを直接ねじ止めできるようになっていました。

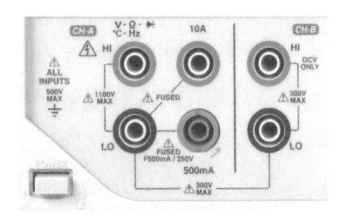

図 4.44　マルチメータの入力端子の構造

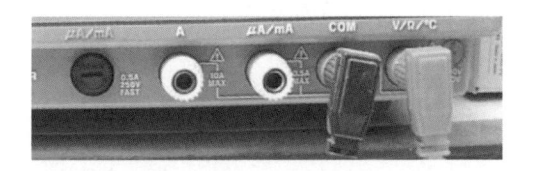

図 4.45　従来のねじ止め可能な入力端子

そのため、熱電対を直接入力端子にとめることができなくなってしまい、入力端子との間にねじとバナナ端子の変換プラグを挿入する必要があります。

図 4.46　変換プラグ

ところで、熱電対を使用した温度測定を行う場合は、必ず入力端子側の温度を測定する必要があります。これを冷接点温度補償といいます。温度測定のできるマルチメータは冷接点温度補償をするために入力端子の温度を測定する回路を内蔵しています。従来のマルチメータは入力端子の金属部分がマルチメータ内部に引き込まれた部分に温度センサーを直結していました。熱電対は入力端子にねじ止めできたため、正確に冷接点温度補償を行うことが

できました。

　しかし、最近のマルチメータは熱電対を接続するために入力端子と熱電対の間に変換プラグが挿入されるため、直接熱電対が接続された端子の温度を測定することができません。そのため、変換プラグと入力端子の間に温度差があると正しく冷接点温度補償ができないため、誤差が大きくなってしまいます。変換プラグと入力端子間の温度差は、使用するプラグや周囲の状況により一定でないため、従来と同等の仕様を維持するのが難しいため温度測定機能を搭載しない機種が増えているのです。

　誤差を少なく測定するためには、変換プラグの熱電対取り付け部分とマルチメータの入力端子間の温度差を小さくすることです。そのためには、ねじ止め部分とバナナプラグ部分の距離の短い変換プラグを使用するようにします。また、変換プラグに風が当たらないように覆いをかぶせるなどの工夫が必要です。

　変換プラグを使用する場合は、変換プラグを取り付けてからすぐに温度測定をすることはできません。入力端子部分はマルチメータの機内温度の影響を受けて周囲温度よりも高くなっている場合があります。そのため、変換プラグの温度が入力端子の温度と等しくなるまで待つ必要があるからです。

　熱電対をマルチメータに取り付ける別の方法としては、バナナプラグ部分のみを購入してきて、自分で半田付けする方法もあります。この場合も、バナナプラグが入力端子の温度と等しくなるまで待つ必要があります。

4.7.1　シース熱電対

　シース熱電対は、金属保護管（シース）の内部に熱電対素線が一体となったものです。シースと熱電対素線の間を酸化マグネシウムなどの無機絶縁物の粉末でかたく充填し、絶縁を保つと同時に内部を気密状態にして、高温のガスや腐食性の流体による腐食を防ぐ構造となっています。応答速度が速く、高温、高圧、腐食性雰囲気などの悪条件下でも使用できます。シース部分は自由に曲げ加工ができるため、屈曲の多い場所などへの取り付けもできます。ま

た外形も細いため、狭い場所の温度測定を行うことができます。

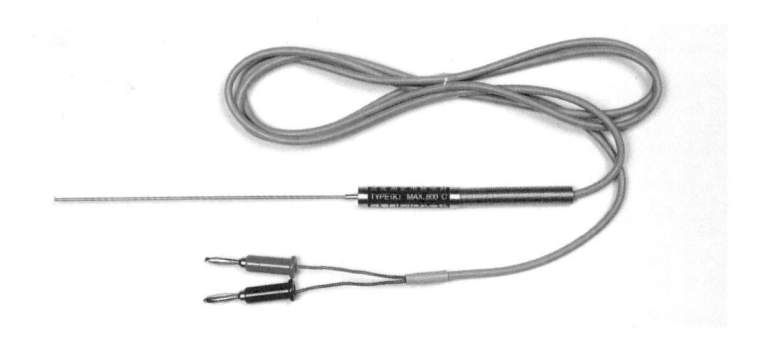

図 4.47　シース熱電対（岩通計測 SC-0107）

4.7.2　静止表面用熱電対

　静止表面用熱電対は、その名前のとおり制止している物体の表面温度を測定するための熱電対です。熱電対が取り付けられているヘッド部分は測定対象の形状や大きさに合わせていろいろなものが入手可能です。一般的な表面温度測定から、熱電対素線を取り付けるのが困難な低熱容量の微小部分の表面温度を測定するために使用されます。

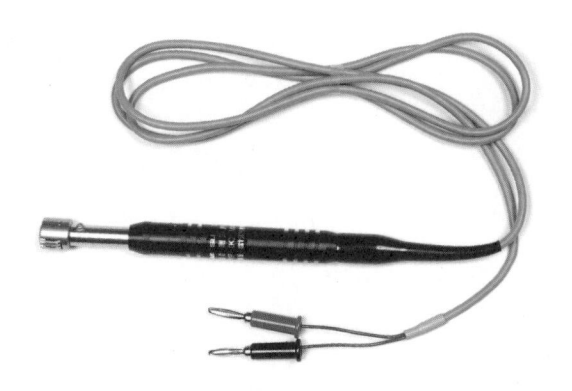

図 4.48　静止表面熱電対（岩通計測 SC-0116）

Chapter……5

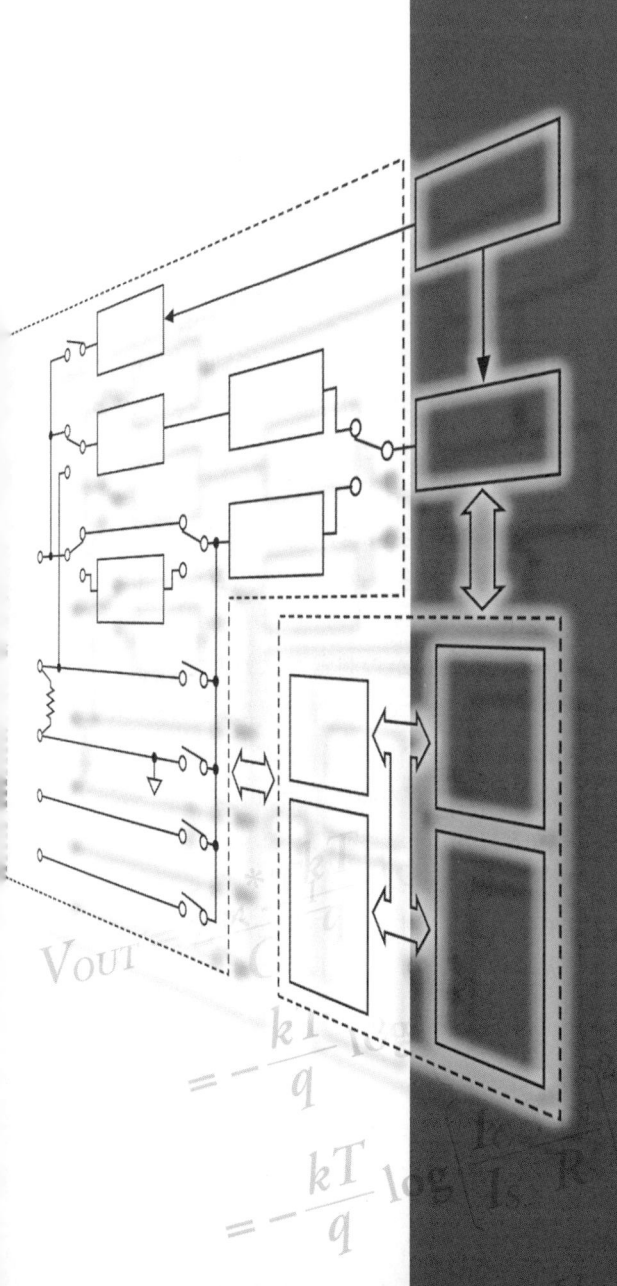

第5章 リモート計測

5 リモート計測

　リモート計測とは、PCと計測器を組み合わせて、PC上のソフトウェアで計測器を制御し、測定、データ収集、解析などを自動的に行うことです。

　ディジタルマルチメータは、RS-232、GPIB、LANのインターフェイスを使用することで、PC上で動作するソフトウェアで制御することができます。いずれのインターフェイスを使用する場合でも、PCと計測器の間でコマンド(Command)やクエリー(Query)と呼ばれるASCII文字列をやりとりすることで制御を行います。ディジタルオシロスコープの波形データのように、大量のデータを高速で転送するためにバイナリデータを使用することも可能です。

　コマンドとは命令という意味です。PCから測定器に対する命令であり、測定器は命令されたとおり動作しますが、何も応答を返しません。たとえば、ファンクションやレンジの変更のために使用します。
　クエリーとは問い合わせという意味です。PCから測定器に対して、測定器の状態や測定結果を問い合わせるための命令で、処理結果を応答メッセージとして返します。たとえば、現在マルチメータに設定されているファンクションや、レンジの問い合わせ、最新の測定結果の問い合わせ、メモリーに保存されている測定結果の読み出しなどに使用します。

　マルチメータのすべての機能をリモートにより制御できる場合をフルリモートといいます。対して一部の機能しか操作できないものもあります。

5.1 LANを使用したリモート計測

　LANは学校、企業、工場などで現在もっとも普及したインフラの1つです。普及に伴いPCには標準的にLANポートが搭載されるようになりました。また、LANを構成するためのハブやケーブルも安価になったため、新たに敷設する場合でも低コストで行えます。無線LANを使用すれば、ケーブルを敷設できない場所にある測定器のリモート制御も可能です。
　リモート計測を行う上では、PCと測定器までの距離や接続可能な機器の台数、通信速度の制限が問題になる場合がありますが、LANではそのような制限が少ないため、LANポートを搭載する測定器が増えています。

　PC上で動作するリモート制御用のプログラムはユーザが自ら作成する必要があります。GPIBやRSは従来より使用されているため、企業や工場などでは過去のプログラムを変更して使用する場合が多くあります。また、文献などの資料も多くあります。それに対してLANは新しいインターフェイスであるため、プログラムを1から作る必要があり、なかなかLANのメリットを生かせない状況です。
　また、工場の生産設備などでは従来からのプログラムを使用する必要があるために、互換性のために非常に古いPCを使用するしかなく、測定データの収集や処理を効率よく行えなくなっています。

　ここでは、LANを使用してリモート制御を行うためのプログラム作成方法を紹介します。

5.2 使用するマルチメータ

　LANを搭載したマルチメータとして岩通計測（株）社製のVOAC7523を使用します。

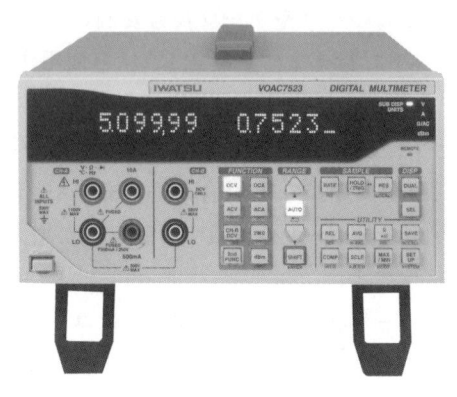

図 5.1　VOAC7523（岩通計測）

　VOAC7523は必要なインターフェイスをオプションとしてユーザが選択できるようになっています。オプションは工場オプションではなくユーザオプションとなっており、背面パネルから簡単に着脱することができます。従って、GPIBインターフェイスをオプションとして装着したVOAC7523を、後からLANインターフェイスのオプションに変更するだけで、LAN環境でも使用することができます。

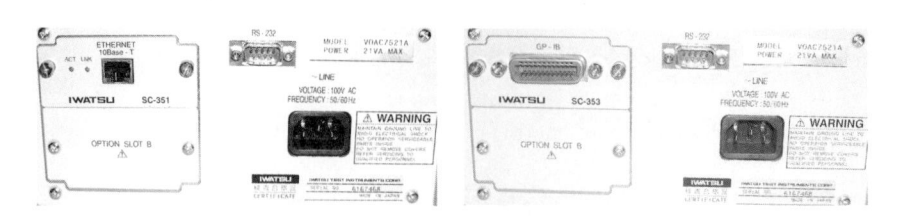

図 5.2　VOAC7523の背面パネル

5.3 マルチメータのLANに関する設定項目

VOAC7523のLAN接続では、TCP/IPプロトコルを使用して通信を行います。TCP/IPを使用するためにはマルチメータ毎にいくつかの設定を行う必要があります。

5.3.1 IPアドレス

IPアドレスとはLANで接続されたコンピュータや通信機器を識別するために割り振られた番号のことです。LANで構成されたネットワーク上にIPアドレスの重複があると正しく通信が行えなくなります。そのため、接続しようとしているネットワークの管理者にIPアドレスを割り振ってもらう必要があります。割り振られたIPアドレスをマルチメータに設定します。IPアドレスは32ビットの数値ですが、それだと分かりにくいため、8ビットずつに区切った4つの数値をピリオドでつないだもので表現します。たとえばVOAC7523のIPアドレスの初期値は192.168.1.100となります。

5.3.2 サブネットマスク

企業や学校のイントラネットのように大きなネットワークでは、部門や学部毎に複数の小さなネットワーク（サブネット）に分割して管理されています。機器に割り当てられたIPアドレスは、機器が接続されているネットワークを表すネットワークアドレス部と、ネットワーク内での機器を特定するためのホストアドレス部に分けられます。サブネットマスクは、32ビットのIPアドレスの内、上位何ビットがネットワークアドレス部かを示すために使用する32ビットの数値です。ネットワークアドレス部のビットは1となり、ホストアドレス部は0となります。たとえば、IPアドレスの上位24ビットがネットワークアドレス部なら、サブネットマスクを2進数で表記すると以下のようになります。

11111111 11111111 11111111 00000000

IPアドレスの場合と同様、このままだと分かりづらいので、8ビットずつ区切った4つの数値をピリオドでつないだもので表現します。

255.255.255.0

5.3.3 Port番号

Port番号とは、IPアドレスで指定した機器で動作しているどのプログラム（サービス）と通信するかを指定するための番号です。マルチメータの場合は、リモート制御機能を提供するサービスしか動作していませんのでポート番号も1つしかありません。VOAC7523の場合、初期値は2000となっており通常変更する必要はありません。

5.3.4 ゲートウェイアドレス

機器が所属するネットワークと他のネットワークを接続するための機器をゲートウェイと呼びます。通常ゲートウェイとなる機器にはルーターが使用されるため、ゲートウェイアドレスにはルーターのIPアドレスを設定します。

5.4 LANを利用した通信手順

LANを利用した通信にはTCP/IPプロトコルを使用します。以下に通信の流れを示します。

1. 電源投入後、マルチメータは設定されてたポート番号で外部機器からの

TCP/IPの接続要求を待ちます。
2. 外部機器は、マルチメータに対してTCP/IP接続(Connect)要求を出します。
3. マルチメータがTCP/IP接続要求を受け付け(Accept)て、接続を確立します。
接続確立後は、単純なASCIIコードの文字列の送受信で通信を行います。
4. PCからマルチメータへコマンドまたはクエリを送信(Send)します。
コマンドやクエリはCR+LFまたはLFの終端文字(デリミタ)で終端された文字列です。
5. コマンドやクエリを受信したマルチメータはこれを解釈して実行します。
クエリの場合は、PCに対して適切な応答を返します。応答はマルチメータに設定したデリミタで終端された文字列です。PCはマルチメータより送られてくる文字列を受信(Recv)します。

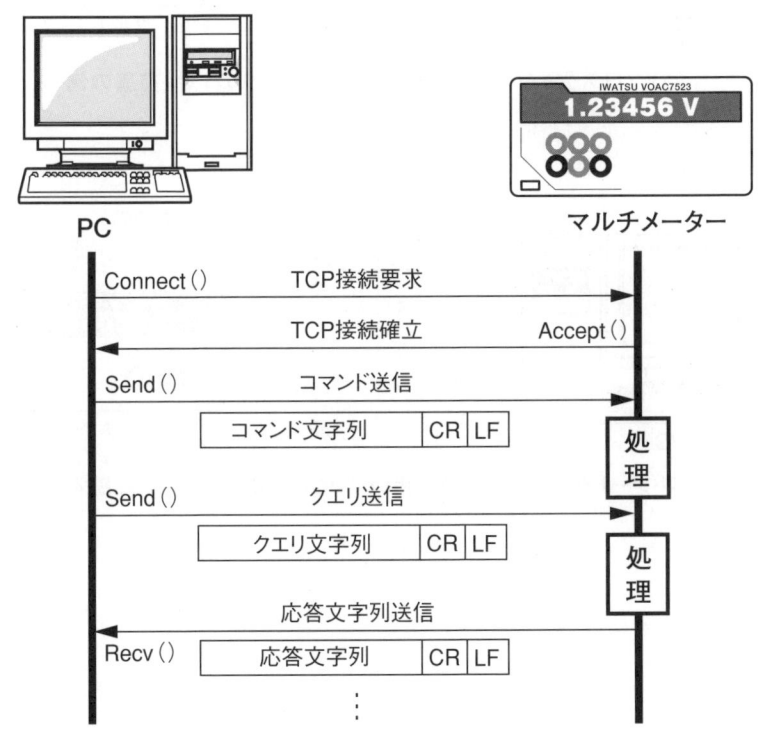

図5.3 TCP/IPの通信手順

5.5 マルチメータをLANへ接続

マルチメータとPCをLANを介して接続するには、いくつかの接続形態があります。

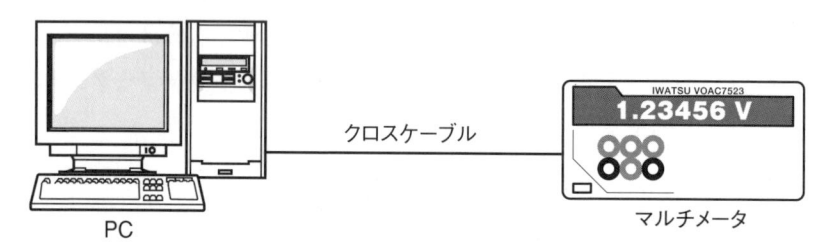

（a）クロスケーブルによるPCとマルチメータの1対1接続の例

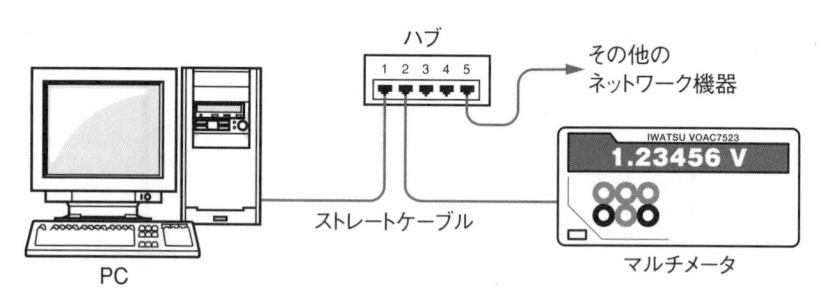

（b）ストレートケーブルとハブを用いてPCとマルチメータを接続する例

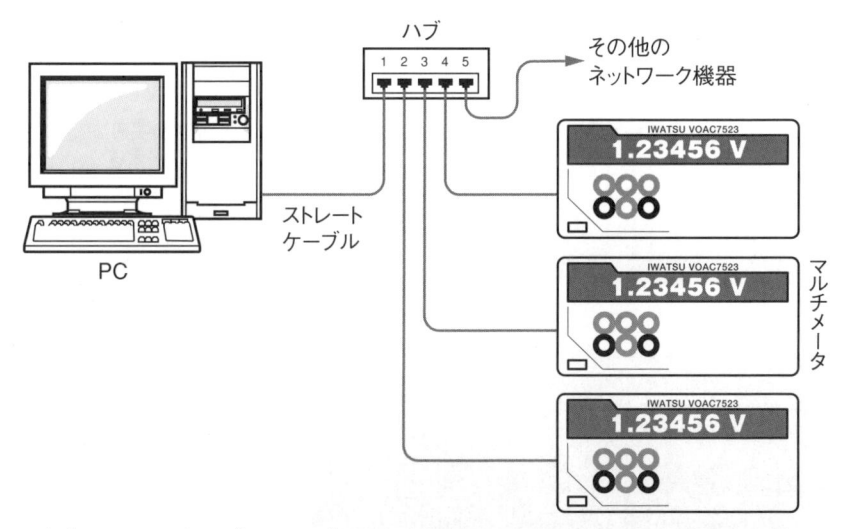

（c）ストレートケーブル＋ハブ＋PC＋複数台のマルチメータを接続する例

図5.4 ケーブル接続例

今回は、すでにLANに接続されているPCにハブを介してマルチメータを接続することにします。

5.6 マルチメータとPCの接続確認

マルチメータとPCが正しくLANで接続され通信可能な状態になっているかは、pingというプログラムを使用して調べることができます。pingは指定したIPアドレスを持つ機器にメッセージを送信し、その応答を待ち、応答が帰ってくるまでの時間を表示するプログラムです。メッセージが送信できない場合や、応答が帰ってこない場合はタイムアウトが発生するため、正しく接続できていないことがわかります。以下に手順を示します。

1. MS-DOS環境を使用するためにコマンドプロンプト画面を開きます。

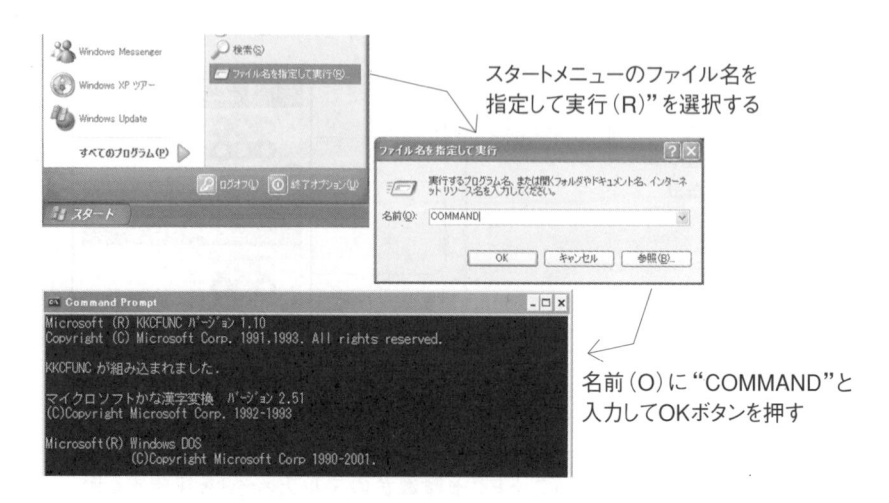

図5.5 コマンドプロンプト画面を開く

2. ping <ip_address> と入力します。<ip_address>部分は、マルチメータに設定したIPアドレスです。図5.7はマルチメータとPCが正しく接続されている場合のpingプログラムの表示です。図5.8は正しく接続されていない場合の例でタイムアウトが発生しています。

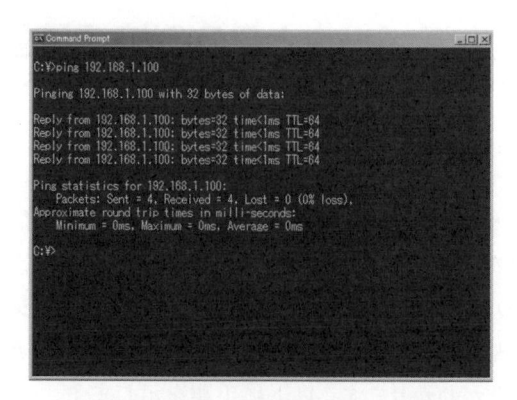

図5.6 正しく接続されている例

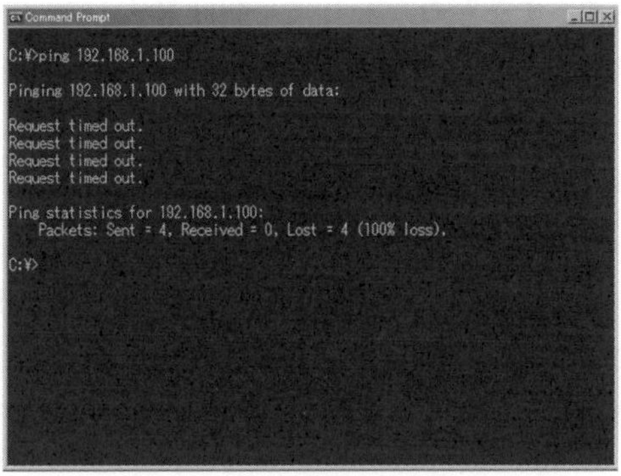

図 5.7 接続が正しくない場合の例

5.7 プログラミング

5.7.1 OS

　最近のPCにはOSと呼ばれる基本ソフトウェアがあらかじめインストールされています。表計算やワープロなどのソフトはこのOSが用意した環境の上で動作しています。リモート計測用のプログラムも例外ではありません。

　OSにもいろいろな種類がありますが、多くのPCに搭載されているMicrosoft社製のWindows XPを対象にします。

5.7.2 開発環境

　プログラムを作成するためには、プログラムを作成するためのソフト（開発環境）が必要になります。あらかじめ開発環境を搭載しているOSもありますが、Windows XPには搭載されていないため、ユーザが用意する必要があります。

開発環境にもさまざまなものがあり、大半は購入しなければいけません。学校や工場などでリモート計測用のためだけに開発環境を購入するのはコストがかかりすぎる場合があります。しかし、最近では開発環境をインターネットよりダウンロードして無償で利用できる場合があります。

ここでは、Microsoft社が無償で提供しているVisual Studio 2005 Express Editionを使用します。Visual Studio 2005 Express Editionでは複数のプログラミング言語を選択できるようになっています。以下のプログラミング言語が選択可能です。

- Visual Basic
- Visual C#
- Visual C++
- Visual J#

ここでは、Visual C# 2005 Express Edition日本語版（以下Visual C#）を使用します。

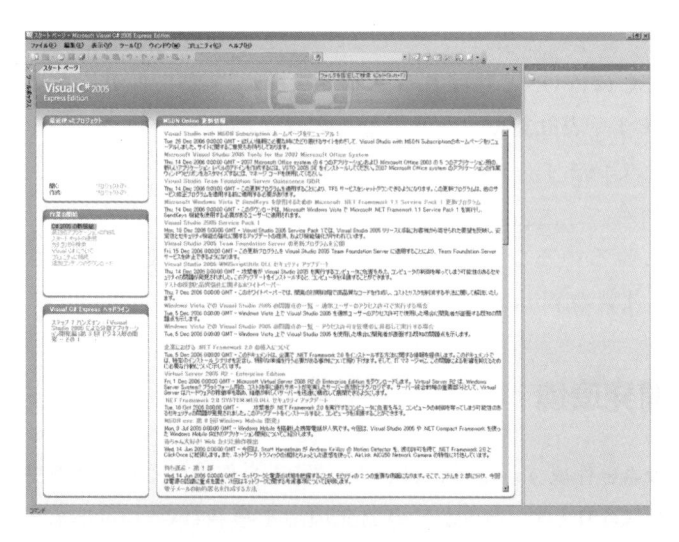

図5.8 Visual C# 2005 Express Editionの起動画面

5.7.3 プログラム作成手順

Visual C# 2005 Express Editionを使用してプログラムを作成する手順を説明します。

① プロジェクトの作成

Visual C# 2005 Express Editionでは、作成するプログラムを構成する様々なファイルを1つのプロジェクトとして管理します。プロジェクトを作成すると、フォルダが作成されユーザが作成するコードなどが格納されます。

② 画面のデザイン

画面とは、作成するアプリケーションの目に見える部分のことです。ボタンや文字を入力するためのテキストボックスなどのコントロール（部品）を配置して画面を作成します。画面はユーザ・インターフェイスとも呼ばれます。配置したコントロールにプロパティ（特性や性質）を指定することで、コントロールの大きさや位置、色などを設定します。

③ コードの記述

ユーザが画面上のボタンを押したり、テキストボックスに文字を入力した時に行うべき処理を、プログラミング言語で記述します。

④ ビルドと実行

ユーザが作成したコードはビルドするまではただの文字の書かれたファイルにすぎません。ビルドを行うことにより、PCが実行可能なプログラムとなります。ビルドが完了したら、プログラムを実行して期待通りの動作をするか確認します。

Visual C# 2005 Express Editionでは、プログラムのビルドと実行を別々に行うこともできますが、同時に行えるようにもなっています。

⑤ デバッグ

　作成したコードがプログラミング言語に対して文法的に間違っていると、ビルドに失敗します。また、期待通りの動作をしない場合にはコードを修正する必要があります。デバッグとはコードの修正作業です。

⑥ 完成

　④と⑤を繰り返して、最終的に期待通りの動作をするプログラムができあがったら完成です。

5.7.4 作成するプログラム

　ここでは、LANを用いてマルチメータを制御する簡単なプログラムを作成していきます。作成するプログラムには以下の機能を持たせることにします。

- プログラム中で指定したIPアドレスの指定したポート番号で接続を待ち受けているマルチメータに接続する。
- コマンドまたはクエリーを入力して、マルチメータに送信する。
- クエリーを送信した場合は、マルチメータからの応答を受信して表示する。
- 通信が終了したらマルチメータとのLAN接続を切断する。

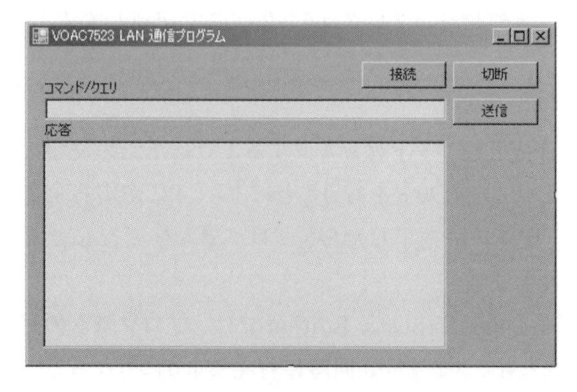

図5.9　作成するプログラム

5.7.5 プロジェクトの作成

まず、これから作成するプログラムに必要ないろいろなファイルを格納するプロジェクトを作成します。プロジェクトの作成は、【ファイル】メニューの【新しいプロジェクト】を選択します。

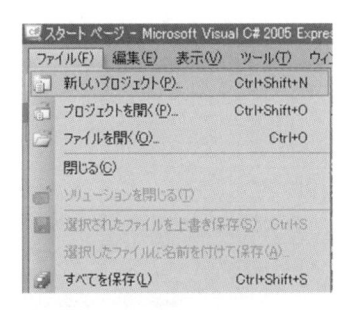

図5.10 【ファイル】メニュー

『新しいプロジェクト』ダイアログが表示されるので、『Windowsアプリケーション』アイコンをクリックし、【プロジェクト名】ボックスにこれから作成する適当なプロジェクト名を入力し、【OK】ボタンを押します。ここでは、プロジェクト名を『VOAC7523_LAN_01』とします。

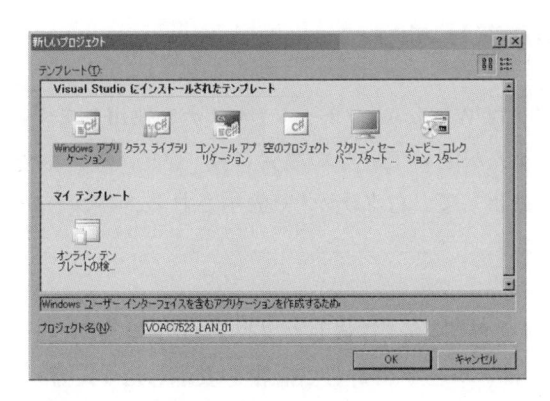

図5.11 『新しいプロジェクト』ダイアログ

プロジェクトが作成されると、画面右のソリューションエクスプローラにプロジェクトを構成する各種ファイルが追加されツリー状に表示されるようになります。編集したいファイルを選び、右クリックで表示されるメニューから、画面をデザインするためのフォームデザイナやコードを編集するためのコードエディタなどを開くことができます。プロジェクトを構成するファイルが多い場合などには便利です。

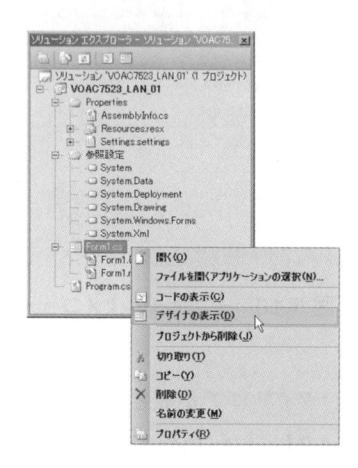

図 5.12　ソリューションエクスプローラ

5.7.6　画面のデザイン

　画面のデザインは Windows フォームデザイナを使用します。
　フォームデザイナが開いていない場合には、ソリューションエクスプローラで Form1.cs を選択して、右クリックで表示されるメニューから【デザイナの表示】を選択します。

　フォームデザイナが開くと、作成したプロジェクトの初期フォームが表示されます。フォームとは、ユーザに対して情報を表示したり入力したりするためのプログラムの外観部分のことです。初期フォームにボタンやテキストボックスな

どを配置してアプリケーションの画面を作成します。

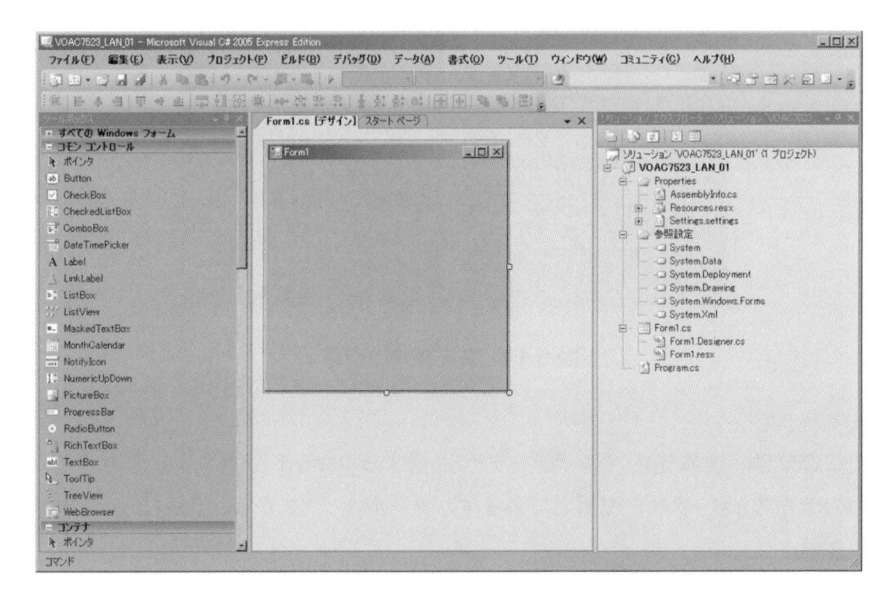

図5.13 Windows フォームデザイナと初期フォーム

　画面上に配置するボタンやテキストボックスなどはコントロールと呼ばれます。特にボタンやテキストボックスなどはWindows上で動作する多くのアプリケーションで共通して使用されているため、コモンコントロールと呼ばれます。コントロールはツールボックスから選択します。ツールボックスは通常Visual C#の画面左側に表示されています。表示されていない場合には、【表示】メニューの【ツールボックス】を選択します。ツールボックスにはコモンコントロール以外にもアプリケーションを作成する上で便利な部品がたくさん種類分けされています。

図 5.14 ツールボックス

　ここでは、接続先のマルチメータへ送信するコマンドやクエリを入力するためのテキストボックスを配置してみます。ツールボックスから、TextBoxを選択します。

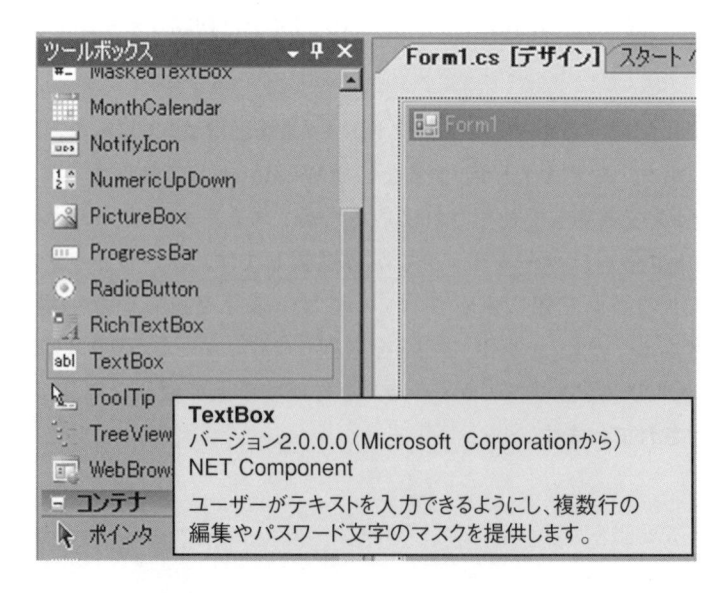

図 5.15 ツールボックスの TextBox

この状態でフォームデザイナへマウスポインタを移動させると、ツールボックスで選択したコントロールに対応したアイコンにマウスの形状が変化するので、正しくコントロールが選択されていることが確認できます。フォームデザイナ上の適当な位置でマウスをクリックすると、TextBoxを配置できます。

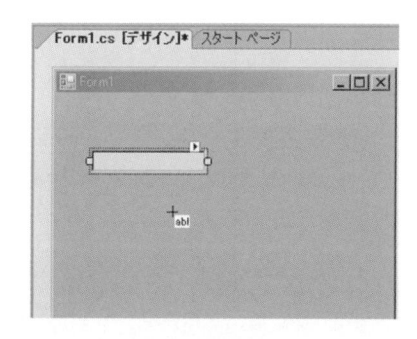

図5.16　マウスポインタの形状とTextBoxを配置した状態

　配置したコントロールの位置やサイズを調整したい場合は、ツールボックスのポインタを使用します。ポインタを選択した状態で、すでに配置されているコントロールの上にマウスポインタを移動させると、ポインタの形状が十時の矢印に変わります。この状態でマウスをドラッグするとコントロールを移動させることができます。

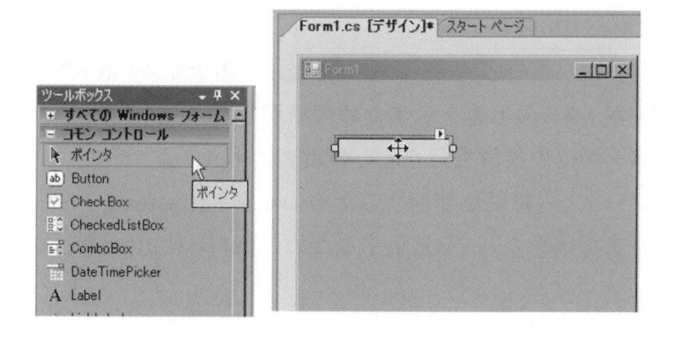

図5.17　ポインタ

サイズを変更する場合は、コントロールのサイズ変更ハンドルを使用します。サイズ変更ハンドルは、コントロールをポインタでクリックしたときにコントロールの周りに表示される白い四角いマークです。ポインタをサイズ変更ハンドルに置くと、ポインタの形状が矢印に変化して、サイズを変更できる方向を示します。サイズ変更ハンドルをドラッグするとコントロールのサイズを変更することができます。

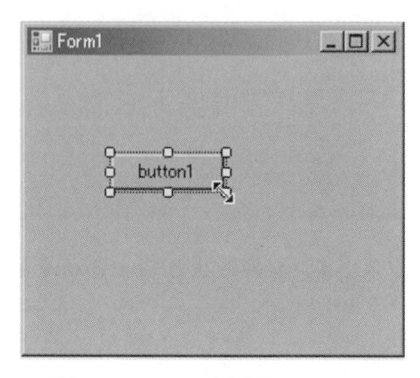

図5.18　サイズ変更ハンドル

上記の要領で以下のコントロールを追加していきます。

① マルチメータへ送信するコマンドまたはクエリを入力するためのテキストボックス(textBox1)
② マルチメータからの応答メッセージを表示するテキストボックス(textBox2)
③ テキストボックスの用途を示すためのラベル(label1、label2)
④ マルチメータへの接続を行うためのボタン(button1)
⑤ マルチメータとの接続を切断するためのボタン(button2)
⑥ コマンドまたはクエリーを送信するためのボタン(button3)

```
label 1 ────
textBox 1 ──
label 2 ────
textBox 2 ──
```
                                                    button 1
                                                    button 2
                                                    button 3

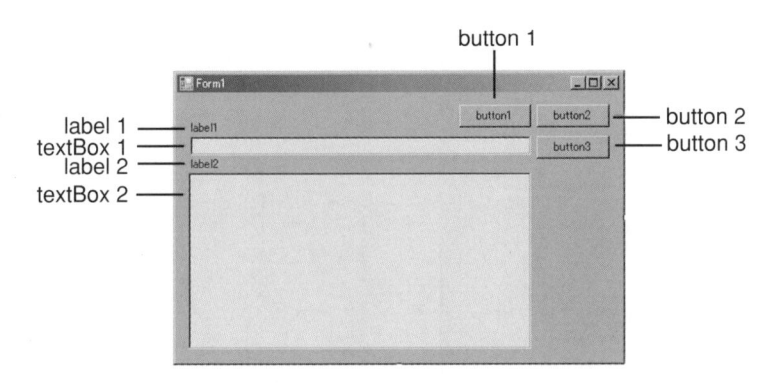

図 5.19　必要なコントロールを配置

5.7.7　プロパティの設定

　コントロールを配置して画面のデザインが終了したら、コントロールにプロパティを設定します。プロパティとは特性や属性を意味します。たとえばテキストボックスやボタン、ラベルなど画面上で目に見えるコントロールは大きさや位置のプロパティを持ちます。またラベルはラベルとして表示する文字列をプロパティとして持ちます。これらのプロパティを設定するにはプロパティウインドウを使用します（図5.20）。プロパティウインドウで編集するコントロールの選択は、フォームデザイナで目的のコントロールをマウスでクリックするか、プロパティウインドウの最上部のコンボボックスから目的のコントロール名を選ぶことで行います。

　試しにフォームデザイナで配置したlabel1が表示している文字列を"コマンド/クエリ"に変更してみます。

1. まず、フォームデザイナでコントロールlabel1を選択するか、プロパティウインドウの最上部のコンボボックスからlabel1を選択します。

2. プロパティボックスにはコントロールlabel1に設定することのできる多くのプロパティが表示されます。その中からTextというプロパティを探し、値を"label1"から"コマンド/クエリ"に書き換えます。すると、フォームデザイナ上のlabel1のラベル文字列が"label1"から"コマンド/クエリ"に書き換わることが確認できます。

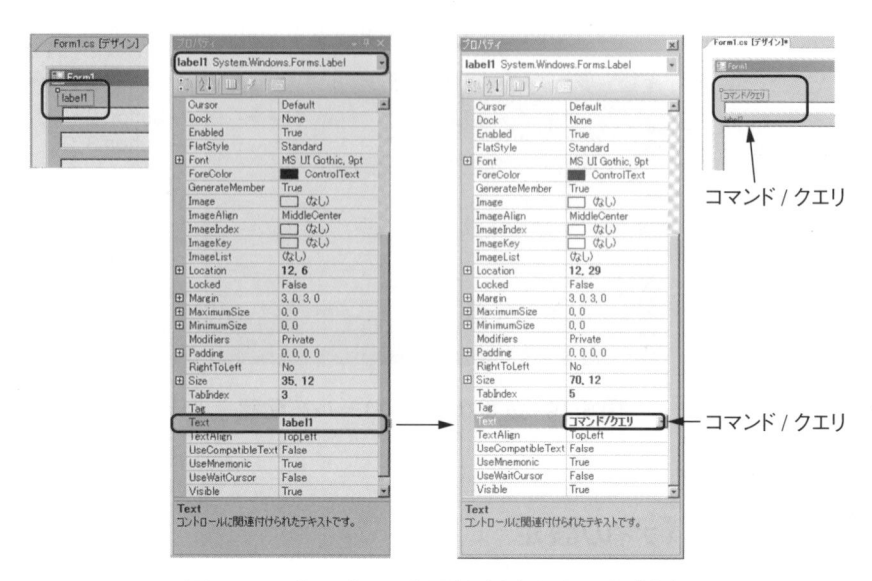

図 5.20 プロパティ変更前(左)と変更後(右)

　同様に、label2のラベル文字列を"応答メッセージ"に変更します。次にボタンの文字列を変更します。ボタンに表示される文字列もTextというプロパティで変更できます。それぞれ、button1は"接続"、button2は"切断"、button3は"送信"に変更します。

5.7.8 プログラムコードの記述

　プログラムコードとは、ソースコードや単にコードとも呼ばれ、たとえばボタンが押されたときにどのような処理をさせるのかを、プログラミング言語を用いて記述したものです。今回はプログラミング言語にC#を使用します。プログラムコードの記述には、コードエディタを使用します。コードエディタを表示させるには、ソリューションエクスプローラのForm1.csを選択して、右クリックで表示されるメニューから【コードの表示】を選択します。コードエディタには最低限のプログラムコードが雛形として既に記述されており、ユーザがこれに必要な処理を追加することでプログラムを作成していきます。

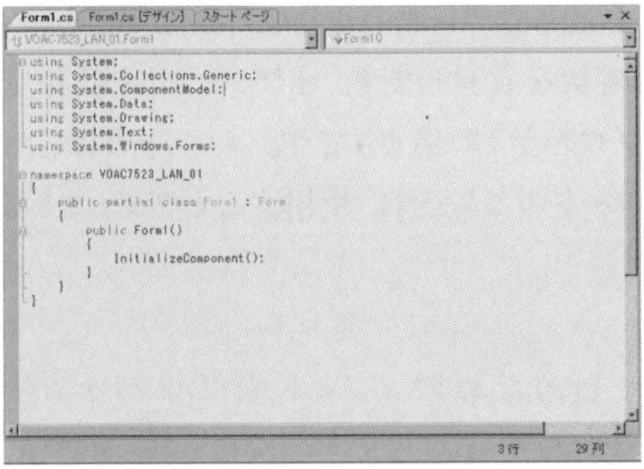

図 5.21　コードエディタ

5.7.8.1 TCP/IPを使用できるようにする

まず、作成するプログラムがTCP/IP機能を利用できるようにします。多くのプログラムはTCP/IPを使用する必要がないため、Visual C#で作成するプログラムも初期状態ではTCP/IPの機能を使用できるようにはなっていません。そのため、TCP/IPを使用できるようにするために、プログラムコードの先頭部分に以下を追加します。

【TCP/IP機能を利用する】

```csharp
using System;
using System.Collections.Generic;
using System.ComponentModel;
using System.Data;
using System.Drawing;
using System.Text;
using System.Windows.Forms;

// TCP/IP機能を利用するために以下2行を追加
using System.Net;
using System.Net.Sockets;

namespace VOAC7523_LAN_01
{
```

次に、TCP/IPを通してデータのやり取りを行うために必要なオブジェクトを格納するための変数を宣言します。オブジェクトとは特定の機能を提供するためのメソッドやプロパティの集まりです。メソッドとは、ある機能を提供するためのプログラムコードのことです。使用するオブジェクトは以下の2つです。

1. TcpClient

    TCP/IP接続を行うためのメソッドやプロパティを提供しています。tcpClientという変数を宣言します。次にnew演算子を用いて変数の初期化を行います。

2. NetworkStream

    TCP/IP上でデータの送受信を行うためのメソッドやプロパティを提供しています。netStreamという変数を宣言します。ここでは変数の初期化は行いません。

    以下のようにコードを追加します。

【変数を追加】

```
unamespace VOAC7523_LAN_01
{
    public partial class Form1 : Form
    {
        // TcpClient オブジェクトを格納する変数を宣言して
        // 初期化
        TcpClient tcpClient = new TcpClient();

        // NetworkStream オブジェクトを格納する変数を宣言
        NetworkStream netStream;

        public Form1()

        {
            InitializeComponent();
        }
```

5.7.8.2 接続ボタンの処理

次に、接続ボタンが押されたときのプログラムコードを記述することにします。Visual C#にはプログラムコードの雛形を自動的に作成して挿入する機能があるので、それを利用します。

接続ボタンを押したときのプログラムコードの雛形を自動的に作成させるには、フォームデザイナ画面に戻り、画面のデザインで追加した【接続】ボタンをダブルクリックするだけです。すると、自動的にコードエディタ画面に戻ります。このときコードエディタ上にはプログラムコードの雛形が自動的に挿入されます。あとは、この雛形で追加されたコードの中括弧内に目的の処理を行うためのプログラムコードを追記していきます。

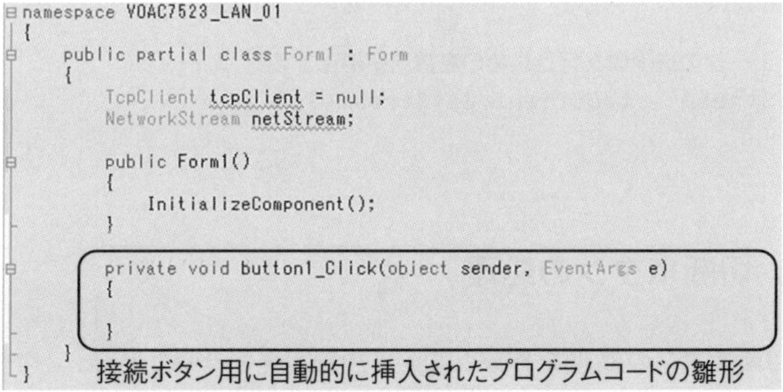

```
namespace VOAC7523_LAN_01
{
    public partial class Form1 : Form
    {
        TcpClient tcpClient = null;
        NetworkStream netStream;

        public Form1()
        {
            InitializeComponent();
        }

        private void button1_Click(object sender, EventArgs e)
        {

        }
```
接続ボタン用に自動的に挿入されたプログラムコードの雛形

図 5.22 プログラムコードの雛形

接続ボタンの処理は、通信を行いたいマルチメータへTCP接続要求を送り接続を確立することです。さらに、確立したTCP/IP接続上でデータの送受信を行うための変数を初期化します。

TCP/IP接続を行うには、TcpClientオブジェクトのConnect( )メソッドに接続先のマルチメータのIPアドレスを表す文字列と、ポート番号を表す数値を与えて呼び出す(実行)することで行います。ここでは、マルチメータのIPアドレスを"192.168.1.100"とします。また、ポート番号はVOAC7523の初

期値である 2000 とします。

　メソッドの呼び出しは、変数名にピリオド"．"を付け、次にメソッド名を書きます。引数はメソッド名に続く括弧の中にカンマで区切って記述します。次に、NetworkStream オブジェクトを初期化してデータの送受信を行えるようにします。

　以下に、接続ボタンの処理のプログラムコードを示します。

【接続ボタンの処理のプログラムコード】

```
private void button1_Click(object sender, EventArgs e)
{
    // IP アドレスが 192.168.1.100、ポート番号が 2000 の
    // マルチメータと TCP/IP 接続を行う
    tcpClient.Connect("192.168.1.100", 2000);

    // データの送受信を行うための変数を初期化する。
    netStream = tcpClient.GetStream();
}
```

5.7.8.3 切断ボタンの処理

　次に切断ボタンの処理を作成します。接続ボタンの時と同様に、フォームデザイナ画面で、【切断】ボタンをダブルクリックしてコードの雛形を追加します。

　切断ボタンの処理は TCP/IP 接続上でデータの送受信をするための口を閉じ、TCP/IP 接続を切断することです。データ送受信の口を閉じるには、NetworkStream オブジェクトの Close ( ) メソッドを使用します。TCP/IP 接続の切断には TcpClient オブジェクトの Close ( ) メソッドを使用します。

　以下に切断ボタンの処理のプログラムコードを示します。

【切断ボタンの処理のプログラムコード】

```
private void button2_Click(object sender, EventArgs e)
{
    // データの送受信の口を閉じる
    netStream.Close();

    // TCP/IP 接続を切断する
    tcpClient.Close();
}
```

5.7.8.4 送信ボタンの処理

　接続、切断ボタンの時と同じように送信ボタンのコードの雛形を追加します。送信ボタンの処理は、textBox1に入力されたコマンドやクエリの文字列をマルチメータに送信することです。送信したものがクエリだった場合には、マルチメータからの応答メッセージを受信し、textBox2に表示します。

　マルチメータに送信する文字列は必ず終端文字列（デリミタ）である"CR+LF"または、"LF"で終わらなければいけません。テキストボックスへ入力した文字列には終端文字列はありませんので、終端文字列を付加する処理が必要です。C#では終端文字列を以下のように表記します。

表5.1　終端文字列の表記

終端文字列	C#での表記
CR	\r
LF	\n
CR+LF	\r\n

　また、送信する文字列がクエリを含んでいるかを判別する処理が必要になります。この判別には、クエリが必ず"？"マークを含むことを利用します。送信する文字列に"？"マークが含まれているかを調べることでコマンドかクエリかを判定することができます。

以下に送信ボタンの処理のプログラムコードを示します。

【返信ボタンの処理のプログラムコード】

```
private void button3_Click(object sender, EventArgs e)
{
    // テキストボックス１に入力した文字列を取得して、
    // デリミタ文字 "CR+LF" を追加
    string cmd = textBox1.Text + "\r\n";

    // 文字列を String 形式から ASCII 形式に変換
    Byte[] send_data = System.Text.Encoding.ASCII.GetBytes(cmd);

    // 文字列をマルチメータへ送信
    netStream.Write(send_data, 0, send_data.Length);

    // 送信文字列に "?" が含まれる場合の処理
    if (cmd.IndexOfAny(new char[] { '?' }) >= 0)
    {
        // マルチメータからの応答文字列を格納するためのバッファを
        // 256文字分確保
        Byte[] recv_data = new Byte[256];

        // マルチメータからの応答文字列を受信
        Int32 bytes = netStream.Read(recv_data, 0, recv_data.Length);

        // 受信した文字列を ASCII 形式から String 形式に変換
        String resp = System.Text.Encoding.ASCII.GetString(recv_data, 0, bytes);

        // 受信した文字列をテキストボックス２に追加
        textBox2.Text += resp;
    }
}
```

以上でプログラミングは完了です。

以下に全プログラムコードを示します。

【全プログラムコード】

```csharp
using System;
using System.Collections.Generic;
using System.ComponentModel;
using System.Data;
using System.Drawing;
using System.Text;
using System.Windows.Forms;

// TCP/IP機能を利用するために以下2行を追加
using System.Net;
using System.Net.Sockets;

namespace VOAC7523_LAN_01
{
    public partial class Form1 : Form
    {
        // TcpClient オブジェクトを格納する変数を宣言して
        // 初期化
        TcpClient tcpClient = new TcpClient();

        // NetworkStream オブジェクトを格納する変数を宣言
        NetworkStream netStream;

        public Form1()
        {
            InitializeComponent();
        }

        // 接続ボタンの処理
        private void button1_Click(object sender, EventArgs e)
        {
            // IP アドレスが 192.168.1.100、ポート番号が 2000 の
            // マルチメータとTCP/IP接続を行う
```

```csharp
            tcpClient.Connect("192.168.1.100", 2000);

            // データの送受信を行うための変数を初期化する。
            netStream = tcpClient.GetStream();
        }

        // 切断ボタンの処理
        private void button2_Click(object sender, EventArgs e)
        {
            // データの送受信の口を閉じる
            netStream.Close();

            // TCP/IP 接続を切断する
            tcpClient.Close();
        }

        // 送信ボタンの処理
        private void button3_Click(object sender, EventArgs e)
        {
            // テキストボックス1に入力した文字列を取得して、
            // デリミタ文字 "CR+LF" を追加
            string cmd = textBox1.Text + "\r\n";

            // 文字列を String 形式から ASCII 形式に変換
            Byte[] send_data = System.Text.Encoding.ASCII.GetBytes(cmd);

            // 文字列をマルチメータへ送信
            netStream.Write(send_data, 0, send_data.Length);

            // 送信文字列に "?" が含まれる場合の処理
            if (cmd.IndexOfAny(new char[] { '?' }) >= 0)
            {
                // マルチメータからの応答文字列を格納するためのバッファを
                // 256文字分確保
                Byte[] recv_data = new Byte[256];

                // マルチメータからの応答文字列を受信
```

```
                Int32 bytes = netStream.Read(recv_data, 0, r
ecv_data.Length);

                // 受信した文字列を ASCII 形式から String 形式に変換
                String resp = System.Text.Encoding.ASCII.Get
String(recv_data, 0, bytes);

                // 受信した文字列をテキストボックス２に追加
                textBox2.Text += resp;
            }
        }
    }
}
```

5.7.9 ビルドとデバッグ

プログラムコードの記述が終わったら、実際に動作させてみてプログラムが期待通りに動作するかを確認します。作成したプログラムをPCが実行できる形式に変換する処理をビルドといいます。プログラムが期待通りに動作しない場合には、原因を突き止めてプログラムコードを修正しなければいけません。プログラムの不具合を見つけ出して修正することをデバッグ（虫取り）と言います。

Visual C# ではビルドとデバッグを同時に行うことができます。【デバッグ】メニューの【デバッグ開始】を選択します。

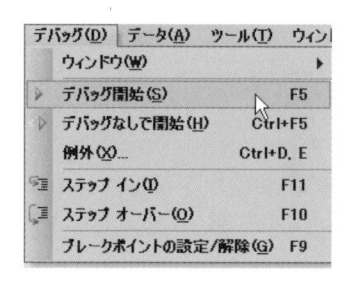

図5.23 デバッグメニュー

すると自動的にビルド処理が行われ、記述したプログラムコードに文法的な誤りがない場合には、フォームデザイナで作成した画面が表示されます。もし、文法的な誤りがある場合にはビルドに失敗して、以下のようなダイアログが表示されます。

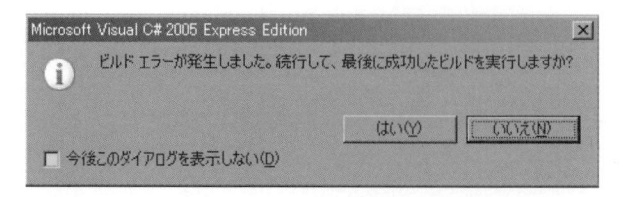

図5.24 ビルドエラー時に表示されるダイアログ

ここで、【いいえ】を選択すると画面下部に『エラー一覧』画面が表示されます。

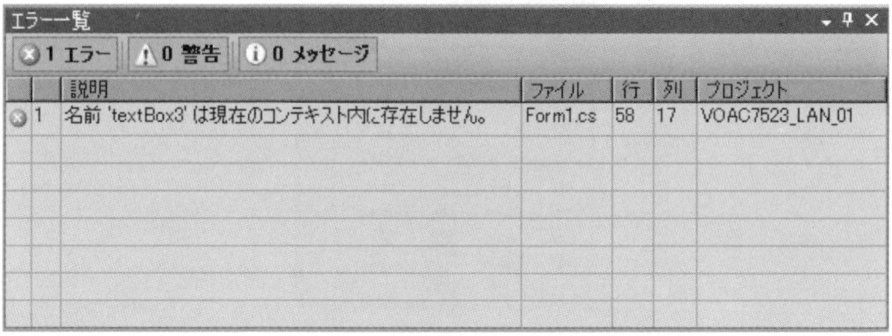

図5.25 エラー一覧画面

エラー一覧画面にはエラーの内容や発生している箇所が表示されます。表示されているエラーをダブルクリックすると、コードエディタでエラーの発生しているプログラムコード表示して、その箇所へジャンプします。エラー箇所は選択状態となります。文法的な間違いはこの段階で簡単に見つけて修正することができます。

文法的なバグをすべて取り除き、ビルドが完了するとフォームエディタで作成した画面が表示されるので、プログラムの動作確認を行います。

まず、マルチメータへのTCP/IP接続や切断が正しく行えているかを確認します。VOAC7523の場合、機器のリモート状態はRemoteランプを使用すれば確認することができます。作成したプログラムの【接続】ボタンを押してマルチメータに接続すると、Remoteランプが点灯します。【切断】ボタンを押せばRemoteランプが消灯します。

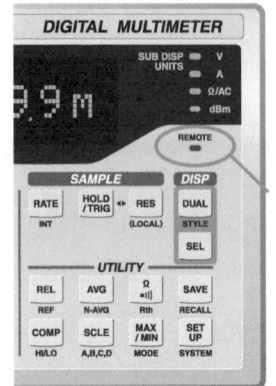

図5.26　リモートランプ

　次に、コマンドの送信が正しく行えることを確認します。これには、実際にリモートコマンドでマルチメータの設定を変更してみればわかります。たとえば、ファンクションやレンジ、サンプリングレートなどを変更してみます。
　VOAC7523で使用することのできるコマンドの一部を表5.2に示します。VOAC7523はフルリモート制御に対応しており、通信の設定を変更するなどごく一部のコマンドを除いて、マルチメータのすべての機能をリモートコマンドにより制御することができます。
　たとえばファンクションをACVに変更する場合には、テキストボックスへ以下のように入力して【送信】ボタンを押します。

:MAIN:FUNC ACV

　ACVファンクションにおいて750Vレンジに設定する場合は以下のようになります。

:MAIN:RANG:VAL 750E0

表5.2　VOAC7523のリモート・コマンド（抜粋）

① ファンクション変更（抜粋）

コマンド	パラメータ	内容
:MAIN:FUNC	DCV	直流電圧測定
	ACV	交流電圧測定
	OHM	2端子抵抗測定
	DCA	直流電流測定
	ACA	交流電流測定

② レンジ変更（抜粋）

コマンド	パラメータ	内容（括弧内は有効となるファンクション）
:MAIN:RANG:VAL	5E-3	5mA（DCA、ACA）
	50E-3	50mV（DCV）、50mA（DCA、ACA）
	500E-3	500mV（DCV、ACV）、500mA（DCA、ACA）
	5E0	5V（DCV、ACV）
	50E0	50V（DCV、ACV）、50Ω（OHM）
	500E0	500V（DCV、ACV）、500Ω（OHM）
	750E0	750V（ACV）
	1E3	1000V（DCV）
	5E3	5kΩ（OHM）
	50E3	50kΩ（OHM）
	500E3	500kΩ（OHM）

③ サンプリングレート変更（抜粋）

コマンド	パラメータ	内容
:SMPL:RATE	SLOW	SLOWサンプル
	MID	MIDサンプル
	FAST	FASTサンプル

最後に、クエリを送信しその応答メッセージを受信して、正しく画面表示が行えることを確認します。測定結果を得るクエリを使用することができますが、マルチメータの設定によっては応答が帰ってくるまでに時間がかかる場合があるので、即座に応答の帰ってくる"*idn?"クエリを使用します。*idn?クエリはIEEE Std. 488.2規格で規定されており、同規格に対応する測定器で共通に使用することができます。*idn?クエリは、機器を識別するための文字列を応答として返します。

テキストボックスに以下のように入力して【送信】ボタンを押します。

*idn?

VOAC7523の応答メッセージは、以下のようになります。

IWATSU,VOAC7523,0,1.23

なお、最後の1.23はファームウェアのバージョン番号を示しているため、別の文字列になる場合があります。

以上のチェックで期待通りに動作しない場合には、プログラムコードのどこかが間違っている可能性があります。Visual C#にはプログラムコードの任意の位置にブレークポイントを設定したり、プログラムコードを1行ずつ実行するステップ実行機能、実行中のプログラムの変数の内容を表示する機能など、デバッグに便利な機能がたくさんありますので、それらを活用してプログラムを修正してください。

5.7.10 プログラムの発行

作成したプログラムが期待通りに動作するようになったら、最後にプログラムの発行を行います。発行とは、作成したプログラムを他のPCにインストールできるように、セットアッププログラムを作成する作業です。セットアッププログラムを作成しておけば、たとえば、工場などの生産設備のPCや教育現場で使用されるPCなど、多くのPCにインストール作業を行わなければい

けない場合に、作業を簡単に行うことができるようになります。

発行作業は、【ビルド】メニューの【VOAC7523_LAN_01の発行】を選択します。この例では、プロジェクト名がVOAC7523_LAN_01の場合です。

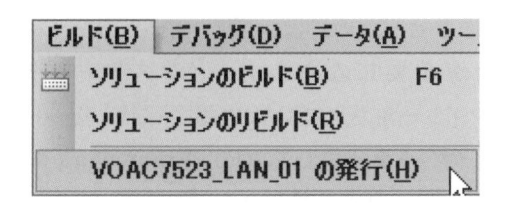

図5.27 ビルドメニュー

すると、『発行ウィザード』ダイアログが開くので、ウィザードに従って必要な項目を入力します。

図5.28 発行ウィザード

最後に発行ウィザードの【完了】ボタンを押すと、ウィザードの1枚目のダイアログに入力した場所にセットアップ用のプログラム"setup.exe"が作成されます。このファイルをインストール先のPCにコピーして実行すれば、作成したプログラムをインストールすることができます。また、Visual C#で作成したプログラムを動作させるためには、.NET Frameworkと呼ばれるプログラムの実行環境が必要になります。インストール先のPCに.NET Frameworkがインストールされていない場合には、セットアッププログラムが自動的にインターネットを使用して.NET Frameworkに必要なファイルをダウンロードしてインストールします。

　TCP/IPを使用したプログラムの作成は難しいように思われますが、Visual C# 2005 Express Editionなど、無償の開発環境を利用し、開発環境が提供しているコンポーネントを使用すれば、比較的簡単にTCP/IPを用いたプログラムを作成することができます。ディジタルマルチメータだけでなく、ディジタルオシロスコープ、信号発生器などLANに接続してTCP/IPによるリモート制御可能な測定器が増えており、これらを組み合わせたリモート計測や生産設備の構築も可能になります。さらには、データベースを組み合わせて測定データを収集して製品のロットごとのばらつきなどを解析するようなプログラムに発展させることも可能です。

Training

練習問題

問題 ……………… *P216〜P222*
解答 ……………… *P223〜P234*

練習問題

問題 Q1 以下の設問の空欄を適切な語句で埋めよ。

マルチメータは測定値の表示方式で分類すると、数値で表示する(a)_____方式とメーターで表示する(b)_____方式がある。形状で分類すると、小型で持ち運びしやすいため配電作業などのフィールド運用に適した(c)_____タイプと、開発・生産現場に設置して使用する(d)_____タイプ、さらにPCや複数の測定器を組み合わせた装置に組み込んで使用する(e)_____タイプがある。

問題 Q2 以下の設問の空欄を適切な語句で埋めよ。

マルチメータに入力された被測定信号は、測定ファンクションに対応する入力回路で直流電圧に変換され、最終的に(a)_____によりディジタルの数値データとなる。マルチメータに使用される(a)_____は主に2種類ある。ハンディタイプなど小型であることが要求されるものには(b)_____の1チップLSIが用いられる。ベンチトップタイプなど高速で高精度が要求されるものには(c)_____が用いられる。
(c)_____は入力積分時間を(d)_____の整数倍にすることで、(e)_____効果が得られるため、(f)_____が高いという利点がある。

問題3 以下の設問の空欄を適切な語句で埋めよ。

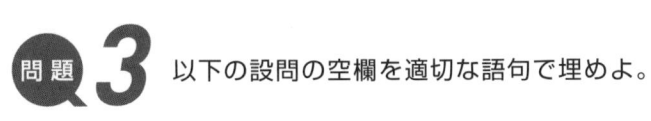

マルチメータの直流電圧測定の確度表示は±((a)＿＿＿＿＿＿＋(b)＿＿＿＿＿＿)で表され、測定値が持つ最大の誤差を示す。前者は入力の大きさに比例する誤差を表し、後者は入力の大きさによらない誤差を表す。確度はマルチメータの(c)＿＿＿＿＿＿により変化するため、範囲を規定して表される。(c)＿＿＿＿＿＿が規定の範囲から温度差がある場合、確度表示に(d)＿＿＿＿＿＿×温度差を加算したものがその温度における確度となる。
また、確度の保証期間は(e)＿＿＿＿＿＿後の経過時間で規定される。

問題4 以下の設問の空欄を適切な語句で埋めよ。

交流電圧測定は、入力信号の(a)＿＿＿＿＿＿を測定する。測定回路の違いから(b)＿＿＿＿＿＿方式と(c)＿＿＿＿＿＿方式がある。前者は測定信号を(d)＿＿＿＿＿＿に特化することで測定回路が簡素になるため(e)＿＿＿＿＿＿が早いというメリットがある。一方、波形が(d)＿＿＿＿＿＿以外の場合は誤差が大きくなる特徴がある。後者の場合は波形によらず常に(a)＿＿＿＿＿＿を測定できるが、測定回路が複雑で(e)＿＿＿＿＿＿は遅い。いずれの方式でも測定可能な信号は(f)＿＿＿＿＿＿や(g)＿＿＿＿＿＿の制約を受け、確度も異なる。

問題 5

以下の設問の空欄を適切な語句で埋めよ。

抵抗測定には、(a)＿＿＿＿＿測定方式と(b)＿＿＿＿＿測定方式の2種類がある。前者は低抵抗測定時にテストリードの抵抗値および接触抵抗の影響を受ける。テストリードの影響を除去するには(c)＿＿＿＿演算機能を使用する。しかし、接触抵抗は除去出来ない。接触抵抗は不安定であるため測定値のバラツキとなって現れる。後者は原理的にテストリードの抵抗および接触抵抗の影響を受けないため、低抵抗測定を安定して行うことが出来る。

高抵抗測定では、テストリードが(d)＿＿＿＿＿＿＿となりアンテナとして振る舞うため、周囲のノイズの影響を受けやすくなる。テストリードがノイズを拾いにくくするためには、テストリードを(e)＿＿＿＿＿するとよい。加えて(f)＿＿＿演算機能を使用すれば、さらに測定値を安定させることが出来る。

問題 6

表6-1の性能を有するマルチメータを用いて、図6-1に示す回路の電流を測定するときの理論誤差を求めよ。理論誤差とはマルチメータの確度とは関係なく発生する誤差のことである。また、測定レンジはAUTOレンジとし、テストリードの抵抗値および接触抵抗は十分小さく無視できるものとする。

表6-1 直流電流測定の確度と入力抵抗

レンジ	分解能		確度		入力抵抗
	5.5桁	4.5桁	SLOW/MID	FAST	
5mA	10nA	100nA	0.05+7	0.05+17	150Ω以下
50mA	100nA	1μA			15Ω以下
500mA	1μA	10μA			2Ω以下
10A	100μA	1mA	0.2+7	0.2+17	0.1Ω以下

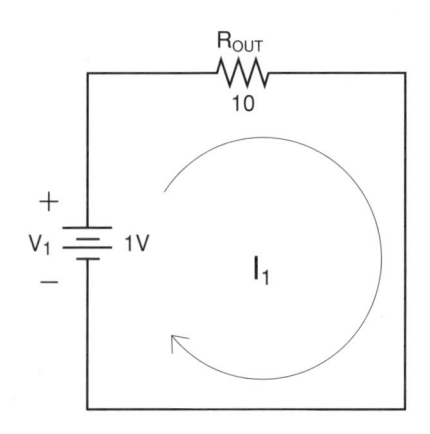

図 6-1　被測定回路

問題 7

表示桁数が5桁半のAとBの2台のマルチメータがある。

- Aのフルスケールカウントは109999カウントである。
- Bのフルスケールカウントは509999カウントである。

2台のマルチメータで2Vの電圧を測定したとき、より高分解能な測定ができるのはAとBのどちらか？。ただし、2台のマルチメータの確度は同じとする。

問題 8

図8-1のような分圧回路がある。R_2の両端の電圧をマルチメータの直流電圧測定で測定しようとした。計算上R_2の両端電圧は990Vであるので、マルチメータのレンジは1000Vレンジに設定した。回路にマルチメータを接続した途端に、ICが破壊された。このときのマルチメータの測定値は900.82Vであった。ICが破壊された原因は何か？

表8-1 直流電圧測定の入力抵抗

レンジ	入力抵抗
50mV	100MΩ以上
500mV	1000MΩ以上
5V	
50V	約10MΩ
500V	
1000V	

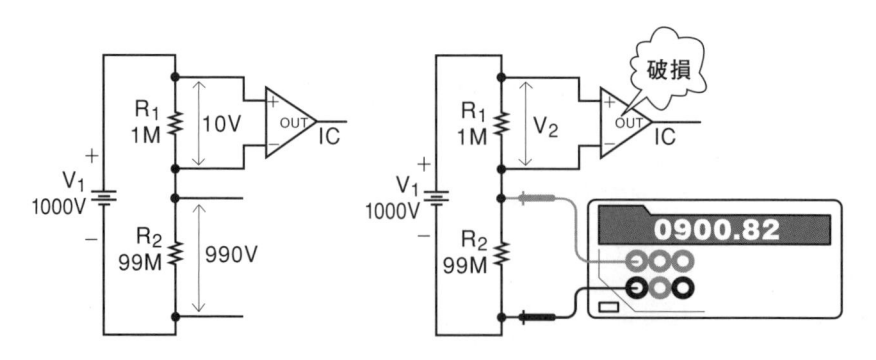

図8-1 分圧回路（左）と測定時の結線（右）

問題 Q9

表9-1の性能を有するディジタルマルチメータを用いて、以下の測定条件において直流電圧測定を行った。マルチメータの測定値が1.23456Vと表示しているとき、被測定電圧の範囲を求めよ。

表9-1 直流電圧測定の確度

レンジ	分解能※		入力抵抗	確度※	
	5.5桁	4.5桁		SLOW/MID	FAST
50mV	0.1μV	1μV	100MΩ以上	0.025+10	0.025+15
500mV	1μV	10μV	1000MΩ以上	0.012+5	0.012+10
5V	10μV	100μV		0.012+2	0.012+7
50V	100μV	1mV	約10MΩ	0.016+5	0.016+10
500V	1mV	10mV		0.016+2	0.016+7
1000V	10mV	100mV			

※SLOW/MID時5.5桁表示。FAST時4.5桁表示。
※23℃±5℃、校正後1年以内における確度。温度係数は上記確度に上記確度の10%/℃を加算する。

測定条件

　　使用レンジ ： 5V
　　サンプルレート ： SLOW
　　周囲温度 ： 40℃

問題 Q10

表10-1の性能を有するマルチメータを用いて、図10-1に示す回路の電圧を測定するときの理論誤差を求めよ。理論誤差とはマルチメータの確度とは関係なく発生する誤差のことである。

表10-1 交流電流測定の確度と入力抵抗

周波数	確度※	入力抵抗
15Hz〜45Hz	0.5+150	約1MΩ// 100pF以下
45Hz〜100Hz	0.25+150	
100Hz〜30kHz	0.2+150	
30kHz〜100kHz	0.5+300	
100kHz〜300kHz	2.5+1000	

※レンジの5%〜100%における正弦波に対して

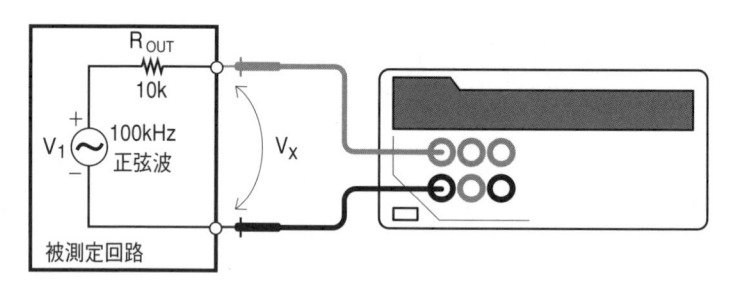

図10-1 測定回路

問題 Q11

100パルス/回転のロータリエンコーダの回転数(RPM)をマルチメータで直読できるようにしたい。どのような測定ファンクションや機能を使用すれば可能か？また、その機能の設定はどのようにすればよいか？

練習問題（解答）

問題 1A

解答

(a) ディジタル　　(b) アナログ　　(c) ハンディ
(d) ベンチトップ　(e) モジュール

問題 2A

解答

(a) A/D変換器　　(b) Δ/Σ変調方式　　(c) 積分方式
(d) 商用電源周期　(e) ハムノイズ除去　(f) NMRR

問題 3A

解答

(a) % of reading　(b) digits　(c) 周囲温度
(d) 温度係数　　　(e) 校正

【解説】
　マルチメータの測定値は誤差を持つ。マルチメータの表示値が被測定値に対してどれほど確からしいかを表したものを確度という。確度はマルチメー

タ内部の回路構成や使用している部品から理論的に導き出される最大誤差を表す。従って、測定対象に由来する誤差（例えば測定対象の出力インピーダンスとマルチメータの入力インピーダンスにより発生する誤差）はマルチメータの確度には含まれない。

マルチメータ内部の回路に使用される抵抗や半導体部品の特性は周囲温度により変化するため、確度も温度係数を持つ。全ての使用温度範囲で確度が温度係数を持つように規定すると不便なため、マルチメータを最もよく使用する温度範囲は一定で、それをはずれる温度範囲では温度係数を持つように規定している。

確度を保証する温度範囲の表記例：23℃±5℃の範囲において
温度係数の表記例：確度の10%／℃

上記確度を有し、使用温度範囲が0℃〜50℃のマルチメータの場合、確度の範囲は図3-1のようになる。

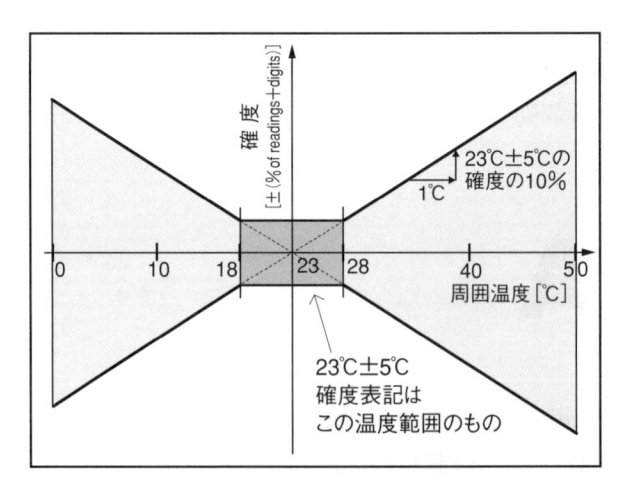

図3-1　確度と周囲温度の関係

また、電子部品は経年変化するため確度の保証は校正後の経過時間で規定される。

問題 4A

解答

(a) 実効値　(b) 平均値整流実効値校正　(c) 真の実効値
(d) 正弦波　(e) 応答速度　(f) 周波数　(g) クレストファクタ

問題 5A

解答

(a) 2端子抵抗　(b) 4端子抵抗　(c) REL または NULL
(d) ハイインピーダンス　(e) シールド　(f) 平均

問題 6A

解答

電流測定を行う場合、被測定回路の電流パスに対して直列にマルチメータを挿入する必要がある。マルチメータを挿入した測定回路を図 6-2 に示す。

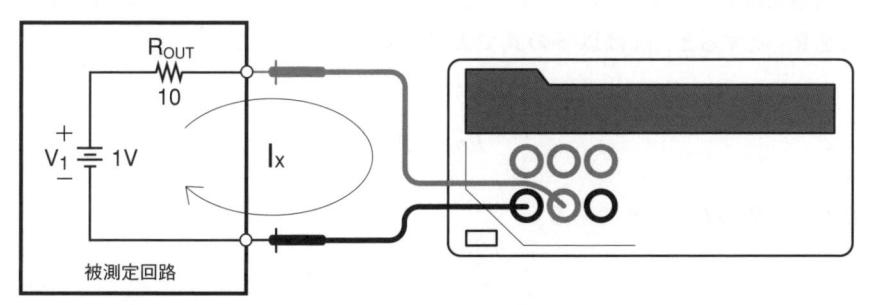

図 6-2　測定回路

マルチメータが測定に使用するレンジは、図 6-1 より

$$I_1 = V_1/R_{OUT}$$
$$= 1/10 = 0.1 [A] \tag{1}$$

であるので、AUTO レンジにより 500mA レンジが選択される。

直流電流測定における理論誤差は、被測定回路の出力抵抗 R_{OUT} とマルチメータの入力インピーダンス R_{IN} によって発生する。

図 6-3 に直流電流測定の等価回路を示す。マルチメータの入力インピーダンス R_{IN} はシャント抵抗 R_S と配線抵抗やヒューズの抵抗、コネクタなどの接触抵抗 R_E の合計となる。

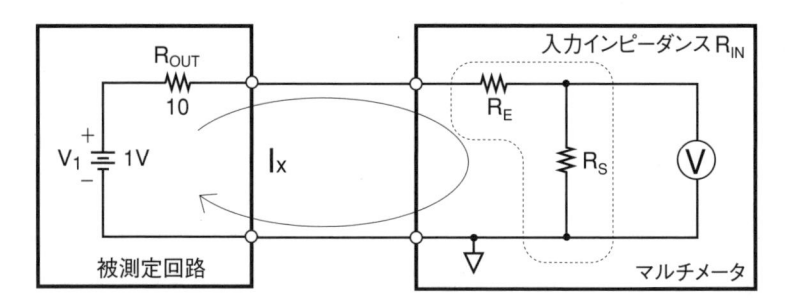

図 6-3　直流電流測定の等価回路

信号源 V_1 の出力インピーダンスを R_{OUT}、マルチメータの入力インピーダンスを R_{IN} とすると、Ix は以下の式で表される。

$$I_X = \frac{1}{R_{OUT} + R_{IN}} V_1$$

ただし、$R_{IN} = R_E + R_S$ である。

図6-3より $V_1=1\,[\mathrm{V}]$、$R_{OUT}=10\,[\Omega]$、表6-1より $R_{IN}=2\,[\Omega]$ をそれぞれ代入すると、

$$I_X = \frac{1}{10+2} \times 1 \fallingdotseq 0.083\,[\mathrm{A}] \tag{2}$$

となる。したがって、I_X の理論誤差 err は、

$$err = \left(\frac{I_X - I_1}{I_1}\right) \times 100$$

$$= \left(\frac{I_X}{I_1} - 1\right) \times 100\,[\%]$$

であるので、式(1)および式(2)を代入して、

$$err = \left(\frac{0.083}{0.1} - 1\right) \times 100$$

$$\fallingdotseq -16.7\,[\%]$$

となり、理論誤差は -16.7% となる。

問題 7A 答

解答

B

【解説】

A、Bのマルチメータは共に5桁半であるが、フルスケールカウントが異なるためレンジの設定が下表のようになる。

Aのレンジ	Bのレンジ	分解能
100mV	500mV	$1\mu V$
1V	5V	$10\mu V$
10V	50V	$100\mu V$
100V	500V	1mV
1000V	1000V	10mV

Aのマルチメータで2Vを測定するには10Vレンジを使用するため、分解能は$100\mu V$となる。

Bのマルチメータで2Vを測定するには、5Vレンジを使用するため、分解能は$10\mu V$となる。

よって、Bのマルチメータの方が1桁高分解能な測定ができる。

問題 8A 答

[解 答]

マルチメータを 1000V レンジに設定した場合の入力インピーダンス R_{IN} は 10MΩ である。R_2 にマルチメータを接続すると、R_2 と R_{IN} が並列接続された状態となる。このとき、R_1 の両端にかかる電圧 V_2 は以下のようになる。

$$V_2 = \cfrac{R_1}{R_1 + \cfrac{1}{\cfrac{1}{R_2} + \cfrac{1}{R_{IN}}}} V_1$$

$$= \cfrac{R_1}{R_1 + \cfrac{R_2 \times R_{IN}}{R_2 + R_{IN}}} V_1$$

式に $R_1 = 1 [\text{M}\Omega]$、$R_2 = 99 [\text{M}\Omega]$、$R_{IN} = 10 [\text{M}\Omega]$ を代入すると、$V_2 = 99.18 [\text{V}]$ となる。R_2 にマルチメータの入力インピーダンス R_{IN} が接続されたことにより、回路の分圧比が変化し、IC に過大な電圧が印加されたことにより破損した。

【解 説】

電圧測定器の入力インピーダンスは無限大が理想的である。ディジタルマルチメータの入力インピーダンスは 10MΩ 以上と大きな値ではあるが無限大ではないために、被測定回路の出力インピーダンスが大きい場合には大きな測定誤差となる。誤差の問題だけでなく、被測定回路を破損する場合もあるので注意が必要である。

問題9A 答

解答

5Vレンジ、サンプリングレートがSLOWの時の23℃±5℃における確度は表9-1より、±(0.012% of reading + 2digits)である。従って、40℃における確度は、

$\pm(0.012\%$ of reading $+ 2\text{digits})\times\{1+10\%\times(40-(23+5))\} =$
$\pm(0.0264\%$ of reading $+ 4.4\text{digits})$

となる。5Vレンジにおける1digitは表示桁数5.5桁時の最小分解能なので10uVである。

測定値は1.23456Vより、誤差の範囲は、

$\pm(0.0264\%\times 1.23456 + 4.4\times 10\times 10^{-6}) \fallingdotseq \pm 0.00037 [\text{V}]$

従って、被測定電圧の範囲は

$(1.23456 - 0.00037) \sim (1.23456 + 0.00037) = 1.23419 \sim 1.23493 [\text{V}]$

となる。

問題 10A 答

解答

　交流電圧測定における理論誤差は、被測定回路の出力抵抗 R_{OUT} とマルチメータの入力インピーダンス Z_{IN} によって発生する。

図10-2に交流電圧測定の等価回路を示す。マルチメータの入力インピーダンス Z_{IN} は抵抗成分 R_{IN} と容量成分 C_{IN} が並列接続されたものである。

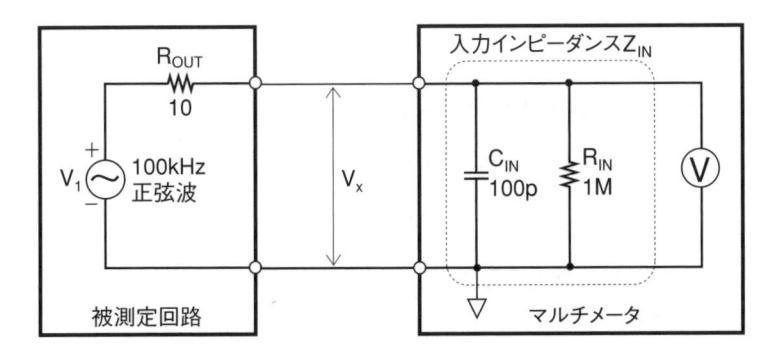

図10-2　交流電圧測定の等価回路

　信号源 V_1 の周波数を f、出力インピーダンスを R_{OUT}、マルチメータの入力インピーダンスを Z_{IN} とすると、V_X は以下の式で表される。

$$V_X = \frac{Z_{IN}}{Z_{IN} + R_{OUT}} V_1$$

ただし、

$$Z_{IN} = \frac{R_{IN}}{2\pi f C_{IN} R_{IN} + 1}$$

図 10-2 より f=100〔kHz〕、R_{OUT}=10〔kΩ〕、表 10-1 より C_{IN}=100〔pF〕、R_{IN}=1〔MΩ〕をそれぞれ代入すると、

$$V_X \fallingdotseq 0.61 V_I \qquad (式)$$

となる。したがって、V_X の理論誤差 err は、

$$err = \left(\frac{V_X - V_I}{V_I}\right) \times 100$$

$$= \left(\frac{V_X}{V_I} - 1\right) \times 100 [\%]$$

であるので、式より $\frac{V_X}{V_I} \fallingdotseq 0.61$ を代入して、

$$err = (0.61 - 1) \times 100$$

$$= -39 [\%]$$

となり、理論誤差は−39%となる。

【解 説】

　マルチメータの交流電圧測定の入力インピーダンスは無限大ではないために、被測定回路の出力インピーダンスとの関係で誤差が生ずる。この誤差は理論誤差とよばれ、マルチメータの確度とは関係なく生じる。また、入力インピーダンスには容量成分があるため周波数によって変化することに注意が必要である。

問題 11A

解答

周波数測定ファンクションとスケーリング演算機能の$(X-A)\times B/C$を使用すれば可能。

周波数から回転数RPMを求めるには以下の処理が必要となる。

$$RPM = f \times 60 / 100$$

従って、スケーリング演算$(X-A)\times B/C$の設定は以下のように行えばよい。Xには測定ファンクションにおける測定値が入力される。この場合は周波数fである。

$$A = 0、B = 60、C = 100$$

【解説】

マルチメータの測定ファンクションでは直接測定して表示できないものでも、一次変換や逆数をとれば表示できるものがある。そのような場合にはスケーリング演算機能が有効である。上記の以外の例としては、

1. 波形の分かっている交流電圧のピーク値を表示したい

波形が分かっている場合には、実効値とピーク値の関係は、CFをクレストファクタとすると、

$$V_P = CF \times V_{RMS}$$

となります。従って、スケーリング演算$(X-A)\times B/C$の設定は、A=0、B=CF、C=1とします。例えば波形が正弦波の場合はCF=$\sqrt{2}$であり、三角波の場合は$\sqrt{3}$となります。

2. 摂氏表示(℃)を華氏表示(℉)にしたい

摂氏と華氏の関係は、

$$°F = (°C + 17.78) \times 9/5$$

となります。従って、スケーリング演算(X − A)× B／Cの設定は、A=−17.78、B=9、C=5とします。

用語索引

A B C …

- A/D 変換 ……… 22, 25, 26, 56, 66, 67, 68, 72, 73, 74, 77, 80, 78, 97, 98
- AC+DCA 測定 …………………… 84
- AC+DCV 測定 …………………… 84
- ACA ……………………………… 84
- AC-DC 変換器 …………………… 34
- AC-RMS 変換 …………………… 92
- AC-RMS 変換回路 ……………… 36
- ACV ……………………………… 84
- AC 電源 …………………………… 15
- AVG 演算 ………………………… 167
- CF ………………………………… 93
- CMRR ………… 123, 124, 126, 127
- DA 変換出力 …………………… 115
- ｄB 演算機能 …………………… 102
- DCA ……………………………… 84
- DCV ……………………………… 84
- DIO ………………………… 111, 113
- DIODE …………………………… 84
- Ethernet ………………………… 109
- FET ………………… 30, 145, 147
- FREQ ……………………………… 84
- GND ……………………………… 113
- GND 温度 ……………………… 152
- Go/NoGo 判定 ………………… 101
- GPIB ……………………………… 15
- GPIB ………… 18, 22, 81, 101, 105, 106, 107, 108, 111, 178, 179, 180
- HPIB …………………………… 105
- IEEE488 ………………………… 105
- IP アドレス ……… 111, 181, 182, 185, 186
- LAN ………………… 15, 18, 81, 108, 109, 110, 111, 178, 179, 180, 181, 184, 185
- Log 特性 ………………………… 37
- LP-OHM ……………………… 59, 61
- LSI ……………………………… 144
- NMRR …… 98, 120, 121, 122, 127
- NULL 演算 ……………… 53, 80, 101
- PCMCIA ………………………… 109
- PN 接合 ……………………… 59, 65
- REL 演算 ………… 53, 80, 101, 165, 166, 170
- RS-232 ……………… 81, 102, 105, 108, 178, 179
- RS-USB コンバータ …………… 105
- TCP/IP ……………………… 181, 183
- TCR ……………………………… 28
- TEMP ……………………………… 8

235

WAN ·· 111
Wired OR 出力 ······························· 114

その他

% of readings+digits ······ 89, 90
10Base-T ······························ 108, 110
100Base-TX ··························· 108, 110
2Wire-OHM ································· 84
2重積分方式 ············ 67, 68, 73, 74
2乗回路 ···················· 36, 37, 38, 42
2線式抵抗測定 ······ 52, 53, 84, 170
3重積分方式 ····························· 73, 74
3線式電源ケーブル ············ 23, 25
4Wire-OHM ································· 84
4線式抵抗測定 ············ 52, 54, 84
128, 129, 170

あ〜お

アイソレート ······························ 128
アッテネータ ················ 27, 31, 32
33, 85, 146, 157
アッテネート比 ··························· 32
アナログ・アンプ ······················ 40
アンプ ·· 85
インサーキット測定 ··············· 132
インサーキット抵抗 ················· 59
インターバル測定 ····················· 101

インダクタンス成分 ················· 47
インバータ回路 ·························· 94
演算増幅回路 ············ 30, 32, 33
演算増幅器 ······ 38, 39, 41, 51, 68
縁面距離 ····································· 158
オートレンジ ···················· 150, 151
オープンコレクタ方式
······························ 111, 112, 113
オームの法則 ··············· 43, 44, 49
159, 160
オペアンプ ························· 38, 147
温度測定 ······················ 62, 84, 125
152, 172, 173

か〜こ

開放電圧 ····································· 132
回路電流 ····································· 162
確度 ······························ 18, 87, 89
90, 91, 95, 99, 140, 141
加算回路 ······································· 35
カスケード接続 ······················· 110
仮想接地 ······································· 41
カップリングコンデンサ ········ 32
可動コイル式メータ ········· 13, 14
可変ローパスフィルタ ············ 33
帰還抵抗 ······················ 32, 37, 38
基準クロック ············ 70, 71, 77
基準抵抗 ······································· 51

基準電圧 ……………… 22, 51, 68
　　　　　　　　　　70, 73, 74, 75
基準電位 ………… 22, 23, 25, 55
寄生容量 …………………… 33
起電力 ……………… 62, 65, 151
　　　　　　　　　　155, 156, 164
逆対数 ……………………… 41
逆対数回路 ………………… 42
逆対数増幅器 …………… 40, 41
金属薄膜抵抗 ……………… 28
矩形波 ……………………… 36
クランプ回路 ………… 148, 149
クレストファクタ ……… 92, 93, 94
減算回路 …………………… 41
減算処理 …………………… 56
高圧プローブ …………… 157, 158
校正周期 …………………… 141
高速サンプリング …………… 9
高抵抗測定 ……………… 166, 168
交流測定回路 ……………… 95
交流電圧 ……… 12, 15, 22, 32, 44
交流電圧成分 ……………… 32
交流電圧測定 ………… 32, 34, 44
　　　　　　　84, 95, 100, 157, 164
交流電流 …… 12, 15, 44, 84, 100
コネクタ接触抵抗 ………… 133
コモンモード ……………… 123
コモンモード除去比 ……… 123
コモンモードノイズ … 123, 124, 127

コレクタ損失 ……………… 113
コレクタ電流 ……… 37, 38, 112
コンデンサ ………………… 12
コンパレータ ……… 68, 70, 73
コンパレート演算 …… 18, 80, 101
　　　　　　　　　　　111, 112

さ〜そ

サーミスタ ………………… 61
最大許容電圧 ………… 116, 117
最大入力電圧 ……………… 72
差動電圧測定回路 ………… 129
三角波 ……………………… 36
サンプリングレート …… 16, 56, 66
　　　　　　73, 87, 90, 96, 97, 100
シーケンサ ………………… 115
シース熱電対 ……………… 174
シールドケーブル ………… 167
磁界 ……… 13, 155, 156, 164, 165
時間積分 …………………… 68
しきい値 …………… 101, 112
指数特性 …………………… 40
指数変換 …………………… 41
指数変換回路 ……………… 36
磁束 ………………………… 164
実効値… 32, 34, 35, 36, 42, 92, 93
実効値変換方式 …………… 34
遮断周波数 ………………… 33

シャント抵抗 … 44, 45, 47, 48, 133
周波数 …………………… 12, 47
周波数測定 …………………… 84
周波数特性 …………………… 33
周波数範囲 ……………… 96, 97
出力インピーダンス … 146, 159, 161
出力信号 …………………… 42
出力電圧 ……………… 38, 39, 41
　　　　　70, 71, 75, 79, 100
　　　　　　　　115, 148, 149
受動素子 …………………… 144
瞬時値 ……………………… 36
純抵抗 ……………………… 44
順方向電圧 ………… 12, 148, 171
順方向電圧降下 ……………… 59
順方向電圧測定 ……………… 84
順方向電流 …………… 171, 172
除算回路 ………………… 36, 42
シリアル・クロスケーブル ……… 103
シリコンダイオード …………… 59
シリコントランジスタ …………… 59
真の実効値 ……… 15, 36, 41, 92
スケーリング演算 …… 80, 102, 164
制御回路 …………………… 68
正弦波 ……… 35, 36, 992, 93, 122
静止表面用熱電対 …………… 175
精度 ………………………… 66
整流作用 …………………… 171
整流素子 …………………… 14

整流電圧 …………………… 22
ゼーベック効果 …………… 62, 151
積分型A/D変換器 ……… 121, 127
積分器 …………… 68, 69, 70
　　　　　　　　75, 76, 79, 121
積分コンデンサ …… 68, 69, 75, 76
積分時間 ………… 74, 97, 121, 127
積分抵抗 …………………… 68
積分方式 ……………… 66, 67, 73
絶縁耐圧 …………………… 118
絶縁抵抗 ………… 126, 168, 169
接触抵抗 ………… 54, 133, 170
絶対値回路 ………… 35, 36, 42
絶対電位 …………………… 124
接地抵抗 …………………… 53
接地電位 …………………… 118
セトリング時間 ……………… 168
ゼロ調整 …………………… 101
ゼロ補正 …………………… 166
全波整流 …………………… 35
相対温度係数 ……………… 28
測定回路 …………………… 164
測定誤差 … 29, 121, 124, 133, 150
測定電流 ………… 49, 51, 54, 59
　　　　　　　　60, 61, 133, 168
　　　　　　　　170, 171, 172

た～と

ダイオード …………… 12, 14, 84
　　　　　148, 149, 171, 172
対数回路 ………………………… 42
対数増幅回路 …………………… 36
対数増幅器 ………………… 37, 41
対数特性 ………………………… 37
対数変換 ………………………… 41
タイムスタンプ ……………… 130
タクトタイム …………………… 99
多段接続 ……………………… 110
立ち上がり …………………… 100
端子温度測定 …………………… 65
端子間電圧降下 …… 133, 161, 162
直流電圧 ………………… 12, 22, 25
　　　　　　　　26, 32, 34, 43
直流電圧成分 …………………… 32
直流電圧測定 ………… 16, 84, 90
　　　　　　　　122, 125, 128
　　　　　　　　145, 150, 152
直流電圧測定回路 …… 26, 43, 54
　　　　　55, 56, 58, 62, 65, 129
直流電流 …………………… 12, 43
直流電流測定 …………………… 84
通信機能 ………………………… 16
定格電圧 ……………………… 113
抵抗 ……………………………… 22
抵抗器 ………………………… 157

抵抗測定 …………… 52, 59, 61
　　　　　　98, 100, 101, 132
抵抗測定用回路 …………… 49, 50
抵抗値 …………………………… 12
定電流源 ……………………… 172
定電流源回路 …………… 50, 51
テストリード抵抗 …………… 125
デュアルスロープ方式 ………… 68
デュアル測定 ……… 130, 131, 162
デュアル表示 …………… 130, 131
デルタシグマ変調方式 ………… 66
電圧降下 …………… 163, 170, 171
電圧測定 …………… 96, 128, 162
電圧範囲 ……………………… 129
電位差 ………………………… 151
電界効果トランジスタ ………… 30
電源回路 ………………… 100, 152
電源電圧低下 ………………… 161
電源電圧範囲 ………………… 134
電源トランス ………… 23, 25, 118
電源ハム ………………………… 66
電磁誘導 …………… 155, 156, 164
電流クランプ ………… 163, 164
電流測定 …… 96, 128, 162, 163
電流測定用回路 …………… 43, 44
統計演算 ………………… 80, 101
導通テスト …………………… 84
トランジェントノイズ ……… 143

トランジスタ ………… 37, 38, 40
　　　　60, 61, 65, 112, 113, 144
トランス ………………… 81, 144
トリガ …………………… 111, 112

な～の

ナイキスト周波数 ……………… 100
内部回路 ………………………… 85
入力インピーダンス … 15, 30, 47, 48
　　　　85, 125, 145, 146
　　　　150, 151, 157
入力信号 ………… 42, 92, 96, 97
入力抵抗 ………… 15, 32, 33, 40
　　　　54, 85, 133, 145, 159, 161
入力電圧 ………… 28, 36, 38, 39
　　　　41, 70, 72, 74, 75, 78, 95
　　　　145, 146, 147, 148, 149
入力電流 ………………………… 38
熱起電力 … 29, 151, 152, 153, 154
熱電対 ……………… 62, 65, 125
　　　　152, 172, 173, 174
熱電対素線 ……………… 174, 175
ネットワーク抵抗 ………… 27, 28
ノイズカットトランス …………… 143
ノイズ成分 ……………………… 125
ノイズ電圧 ……… 95, 121, 124, 125
ノーマルモード・ノイズ …… 120, 121
ノーマルモード除去比 ………… 120

ノーマルモードノイズ … 97, 98, 127

は～ほ

ハイインピーダンス … 113, 166, 168
配線抵抗 ………………… 55, 133
波形率 …………………………… 35
波高値 …………………………… 93
裸利得 …………………………… 58
バッテリー電圧検出回路 ………… 16
バッファアンプ …………… 28, 30, 31
　　　　33, 56, 57, 58, 145
　　　　146, 147, 148, 149
バナナ端子 ……………………… 173
ハムノイズ ……… 97, 98, 121, 122
パルス波 …………………… 36, 93
反転増幅回路 …… 32, 35, 37, 40
反転入力端子 …………………… 41
半導体素子 …………………… 144
ピーク値 ………………………… 93
ピーク電圧 ……………………… 34
比較電圧 …………… 73, 75, 78
ピギー・バック …………… 106, 107
ひずみ波形 ……………………… 14
被測定回路 ……………………… 15
被測定信号 …………… 22, 25, 26
　　　　27, 28, 92, 124
被測定抵抗 …………… 50, 51, 54
　　　　168, 169, 171

被測定電圧 ……………… 22, 95, 118
　　　　　　　　　　　 150, 153
被測定電流 ……………………… 161
非反転増幅回路 …………… 30, 33
ヒューズ抵抗 …………………… 133
標準器 ……………………………… 89
フォトカプラ …… 22, 23, 25, 81, 103
負帰還回路 ……………………… 38
プリアンプ ………………………… 30
プルアップ抵抗 ………………… 113
フルスケールカウント ……………… 86
フルスケール電圧 ……………… 72
フレミングの左手の法則 ………… 13
フローティング電圧 …… 23, 25, 118
分圧回路 ………………………… 27
分圧比 ……………………… 28, 31
分圧比 …………………………… 31
分解能 ……………… 16, 18, 66, 72
　　　　　　　　 73, 87, 88, 100, 115, 140
平均演算 ………………………… 167
平均回路 ………………………… 36
平均値 …………………………… 35
平均値整流方式 ……… 34, 35, 92
並列抵抗 ………………………… 169
ベース・エミッタ間電圧 …… 37, 61
変換回路 …………………… 22, 25
変換時間 ………………………… 66
ホール素子 ……………………… 165
保護回路 ……… 25, 148, 150, 151

保護抵抗 ………………… 149, 150
保護電圧 ………………… 148, 149
ボルテージフォロア ……………… 56

ま～も

メモリー機能 …… 16, 18, 100, 101
漏れ磁束 ………………………… 155

や～よ

歪み波形 …………………… 35, 92
容量成分 ………………………… 168
読み取り誤差 …………………… 15

ら～ろ

ラッチングリレー ………………… 29
リーケージフラックス …………… 155
リジェクション機能 ……………… 66
利得 ……………………………… 33
リニアライズ処理 ………………… 65
リモート機能 …………………… 100
リモート計測 ………… 102, 178, 179
　　　　　　　　　　　　 187, 188
リモート制御 ………… 15, 105, 106
　　　　　　　　　　　　 168, 182
リモート測定 ……………… 18, 101
良否判定 …………… 99, 101, 112

リレースイッチ …………… 28, 29
冷接点温度補償 ………… 173, 174
冷接点温度補正 …………… 65
ローパスフィルタ …………… 35
ロガー …………… 101, 115

● 著者紹介

内窪　孝太（うちくぼ　こうた）
1975年　広島県生まれ
1999年　岩崎通信機株式会社　入社
現　在　岩通計測株式会社技術部に所属しマルチメータの開発に従事。

DMM［ディジタルマルチメータ］**入門講座**　　　©Uchikubo, 2007

2007年6月15日　　第1版第1刷発行

　　　　　著　者　内窪孝太
　　　　　発行者　平山哲雄
　　　　　発行所　株式会社　電波新聞社
　　　　　〒141-8715　東京都品川区東五反田1-11-15
　　　　　電話　03-3445-8201（販売部ダイヤルイン）
　　　　　振替　東京00150-3-51961
　　　　　URL　http://www.dempa.com/

　　　　　D T P　有限会社　第一宣伝社
　　　　　印刷所　奥村印刷　株式会社
　　　　　製本所　株式会社　堅省堂

Printed in Japan　　　　　　　　　落丁・乱丁本はお取替えいたします。
ISBN978-4-88554-937-3　　　　　　定価はカバーに表示してあります。